普通高等教育电子信息类专业"十三五"规划教材

西安交通大学 规划教材

测控基础实训教程

（第2版）

主　编　黄宝娟

副主编　张育林

编　者　王　娜　李　铭　郭咏虹

西安交通大学出版社
XI'AN JIAOTONG UNIVERSITY PRESS

内容简介

本书是针对高等院校工科专业一、二年级学生进行测量及控制的基础训练教材。内容包括安全用电常识、通用测量仪器的使用、传感器外特性的认知、信号调理电路的介绍、测量系统的基本组成、控制系统的组成、数据通道的工作过程、端口地址的读写、C＋＋相关知识等。各章的内容均从学生熟悉的系统应用中提出问题，启发学生思考，激发学生兴趣。本书中训练内容的设计也是由简到难分不同层次，既有对基本操作、基本技能进行强化训练的内容，又有对学生知识的综合运用能力和创新能力进行训练的内容，还有为学有余力的学生设计的拓展训练，训练内容的设计也尽可能接近工业系统的实际。

图书在版编目(CIP)数据

测控基础实训教程/黄宝娟主编. —2版. —西安:西安
交通大学出版社,2017.9(2020.1重印)
工程坊实训系列教材
ISBN 978 - 7 - 5605 - 9997 - 7

Ⅰ.①测…　Ⅱ.①黄…　Ⅲ.①工程测量-高等学校-教材
Ⅳ.①TB22

中国版本图书馆 CIP 数据核字(2017)第 201203 号

书　　名	测控基础实训教程(第 2 版)	
主　　编	黄宝娟	
策划编辑	李慧娜	
责任编辑	李慧娜	
出版发行	西安交通大学出版社	
	(西安市兴庆南路 1 号　邮政编码 710048)	
网　　址	http://www.xjtupress.com	
电　　话	(029)82668357　82667874(发行中心)	
	(029)82668315(总编办)	
传　　真	(029)82668280	
印　　刷	西安日报社印务中心	
开　　本	787mm×1 092mm　1/16　　印张　12.75　　字数　309 千字	
版次印次	2017 年 9 月第 2 版　　2020 年 1 月第 4 次印刷	
书　　号	ISBN 978 - 7 - 5605 - 9997 - 7	
定　　价	28.00 元	

读者购书、书店添货，如发现印装质量问题，请与本社发行中心联系、调换。
订购热线:(029)82665248　(029)82665249
投稿热线:(029)82668293
读者信箱:64424057@qq.com

前言 Foreword

近年来,随着我国产业结构的快速调整与优化升级,国民经济的快速发展,迫切需要高素质的专业技术人才,培养适应社会需要的高素质专业人才,培养学生的创新意识、创新能力,培养学生的工程素质,以及如何让学生学得快、记得住、用得活,是我们高等教育工作者永恒的课题。

本书是针对工科专业一、二年级学生进行测量及控制的基础训练教材,内容涉及安全用电常识、仪器仪表的使用、常用元器件及传感器外特性的认知、信号调理电路的介绍、测量系统的基本组成、控制系统的组成、数据通道的工作过程、端口地址的读写、C++相关知识等。

本书有如下特点:

(1)它与传统的课程实验不同,不附属于任何一门课程,重点是让学生直接学习器件、部件、机构等的外特性以及与应用有关的知识,并配套大量的图片,让学生直观地了解所学知识的应用,便于理解,便于记忆。

(2)各章的内容均从学生熟悉的系统应用中提出问题,启发学生思考,激发学生兴趣,让学生带着问题掌握知识,通过训练获取技能。本书训练是在大量自制装置上进行的,力求让学生多想、多做,达到灵活运用所学知识的目的。

(3)训练内容中提出需要解决的问题,对学生寄以希望,让学生带着责任感及使命感完成训练,并通过完成训练,获得快乐,进一步激发兴趣。训练内容有基本要求和拓展要求,由易到难,由简单到机电知识的综合应用,满足不同层次、不同兴趣学生的需求。

(4)综合训练项目的设计要求学生多人合作完成,通过分工合作完成训练,让学生体会只有组员间团结协作,相互激励,彼此协作,才能取得成功,共同进步。

(5)本书中的训练配备多种自制训练板,尽可能多地选择传感器的类型、驱动的方式,并让学生编写程序进行控制系统的相关训练,使课堂训练更接近工业系统的实际。

(6)综合训练作业强调自主设计、自主搭建、自主调试,给学生不断提高、不断完善的空间。训练过程强调规范操作、团结协作、严谨务实。本书对学生工程素质的培养,体现在教学的全过程,渗透在教学的每一个环节。接近工业系统的综

1

合训练也是近几年才开始的,所以搞好这项工作对教师也是极富挑战性的,需要教师们不懈努力,不断探索,不断完善。

　　本书是由多名长期从事测量与控制教学的教育工作者共同编写的。黄宝娟负责组织编写与统稿,郭咏虹编写第 1 章及附录 1,王娜编写第 2 章,李铭、王娜编写第 3 章,张育林编写第 4 章及附录 2,黄宝娟编写第 5 章及附录 3 至附录 10。由于编者水平有限,经验不足,书中难免存在一些缺点和错误,欢迎读者批评指正。

编者

目 录 Contents

第1章 安全用电常识

我们每天都在用电,也经常讲用电安全,那么什么叫触电?它对人体有什么危害?常见的触电事故是怎样发生的?为什么说高低压触电都是危险的?决定触电者所受伤害程度的因素有哪些?人体允许的电流有多大?人体电阻有多大?什么是安全电压标准?发现触电,应怎样紧急救护?为了保证人身及设备的安全,我们要懂得安全用电常识,掌握安全用电方法。

1.1 概 述

电是国民经济的重要能源,与生产、生活息息相关。电在给人们带来光明的同时也能给人们带来灾难,就像水能载舟,也能覆舟。不懂得安全用电知识就容易造成触电身亡、电气火灾、电器损坏等意外事故。

安全用电包括人身安全、用电设备安全及供电系统安全(本章不作讨论)三个方面,其中最重要的是保护人身安全。掌握安全用电的基本常识,才能在安全的前提下,高效、合理地使用电能。根据 2008 年修改的 GB3805—83 电压国家标准,频率为 $50\sim500$ Hz 交流电的安全电压额定值分别为 42 V、36 V、24 V、12 V 和 6 V 五个等级。本章主要针对工作和生活环境中人身安全、用电设备安全涉及到的最基本、最常见内容进行讨论。

1.2 人身安全

电流对人体的危害有三种:电击、电伤和电磁场伤害。

①电击:是电流对人体内部组织造成的伤害,50 mA 即可致命;

②电伤:是电流的热效应、化学效应和机械效应对人体造成的伤害。主要特征有灼伤、电烙印、机械性损伤及电光眼等;

③电磁场伤害:电磁波辐射对人体产生危害主要是由于人体内水分子受到电磁波辐射后相互摩擦,引起机体升温,并使处于平衡状态的人体电磁场遭到破坏,从而影响到体内器官的正常工作。

▶ 1.2.1 电流对的人体作用

人体阻抗主要与电流路径、皮肤潮湿程度、接触电压、电流持续时间、接触面积、接触压力及频率等有关。造成触电伤亡与通过人体电流的大小、通电时间的长短、电流通过人体的途径、电流的种类等因素有关。如果通过人体电流与持续时间的乘积不超过 50 mA·s 时,人是能够自主脱险的。为了安全起见,国际上通常规定 30 mA·s 为安全界限。

正常情况下人体电阻大于 100 kΩ,但潮湿时则会降至 1 kΩ 以下。人体电阻随电压变化情况见表 1-1。

表 1-1　人体电阻值随电压的变化

电压/V	12	31	62	125	220	380	1000
电阻/kΩ	16.5	11	6.24	3.5	2.2	1.47	0.64
电流/mA	0.8	2.8	10	35	100	268	1560

直流、交流工频和高频电流对人体都有伤害,但伤害程度不同。其中,40~100 Hz 的交流电对人体危害最大(理疗仪器的工作频率大于 20 kHz)。电流对人体作用的特征见表 1-2。

表 1-2　电流对人体作用的特征

电流/mA	对人体作用的特征	
	50~80 Hz 交流电(有效值)	直流电
0.6~1.5	开始有感觉,手轻微颤抖	没有感觉
2~3	手指强烈颤抖	没有感觉
5~7	手指痉挛	感觉痒和热
8~10	手已较难摆脱带电体,手指尖至手腕均感剧痛	热感觉较强,上肢肌肉收缩
50~80	呼吸麻痹,心室开始颤动	强烈的灼热感,上肢肌肉强烈收缩痉挛,呼吸困难
90~100	呼吸麻痹,持续时间 3 s 以上则心脏麻痹,心室颤动	呼吸麻痹
>300	持续 0.1 s 以上可致心跳、呼吸停止,机体组织可因电流的热效应而破坏	

1.2.2　相关术语

①中性线:由三相电源中性点引出的导线,称为中性线。三相电的星形接法将各相电源或负载的一端都接在中性点上,可以将中性点引出作为中性线(三角形接法没有中性点和中性线)。

②零线:当中性点接地时,该点就称为零点,由零点引出的导线,则称为零线。

③工作接地:就是将变压器的中性点直接或经过特殊设备与大地做电气上的连接,以保证系统的稳定运行。

④PE 线:和设备外壳相连接的地线,称为 PE 线。没有它,设备可能能够工作,但外壳可能带电;它可以防止触电事故发生。

⑤跨步电压:当高压输电线断落在地面上或当电气设备发生接地故障,接地电流通过接地体向大地流散,在地面上形成电位分布,人进入接地短路点周围,其两脚之间的

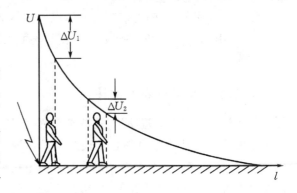

图 1-1　跨步电压示意图

电位差称为跨步电压。跨步电压如图 1-1 所示。

1.2.3 人体触电的方式

人体直接触及或过分靠近电气设备及线路的带电导体都会发生触电现象,如果电气设备因绝缘损坏而发生接地短路故障,使原来不带电的金属外壳带有电压,人体触及也会发生触电。常见的触电主要有:单相触电、两相触电和跨步电压触电,其次还有高压电弧和雷击引起的触电。

(1)单相触电

我国低压电力系统大多采用中性点接地(三相四线制电源)方式运行,如图 1-2(a)所示。如果人体某一部位触及一根带电的相线(绝缘损坏)时,电流从相线经过人体,从大地回到电源中性点就形成单相触电。也有少数地区的电力系统的中性点不接地,而电源的三根相线直接接入用电设备,若用电设备因故漏电,极易发生触电事故,如图 1-2(b)所示。

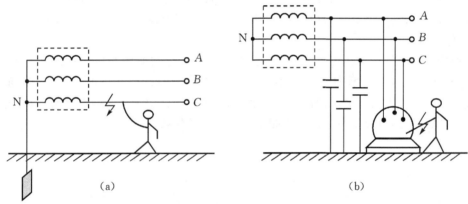

(a)   (b)

图 1-2 单相触电示意图

(2)两相触电

两相触电是指人体的两处同时触及两相带电体的触电事故,这时人体承受的是 380 V 的线电压,其危险性一般比单相触电更大。人体一但接触两相带电体时电流比较大,轻微的会引起触电烧伤或导致残疾,严重的可以导致触电死亡事故,而且两相触电使人触电身亡的时间只有 1~2 s。

(3)高压电弧触电

当人体与高压带电体接近到一定距离时,带电体和人体之间的空气被击穿,产生电弧高压,造成弧光放电而触电。

(4)跨步电压触电

当电气设备发生接地故障,接地电流通过接地体向大地流散,在地面形成电位分布时,若人在接地点周围行走,由此引起的人体触电。

高压导体故障接地处、遭受雷击时高大树木附近都有可能造成跨步电压触电。高压输电线断落在地面上,引起的跨步电压触电事故,如图 1-3 所示。

图 1-3 跨步电压触电示意图

1.2.4 保证电气安全的要求与措施

认真学习安全用电知识,提高防范触电的能力;不进入已标识电气危险标志的场所。从技术上讲防止触电的常用技术措施有:绝缘、接地、接零、加装漏电保护装置等。

(1)绝缘防护

使用绝缘材料将带电导体封护和隔离起来,使电器设备及线路正常工作,防止人身触电,就是绝缘防护。日光、风雨等环境因素的长期作用,会使绝缘物质老化而逐渐失去其绝缘性能,因此需要经常进行检查,确保其安全可靠。

(2)保护接地

大地是导体,任何一点的电位近似为零。将一切在正常时不带电而在设备绝缘损坏时可能带电的金属部分(如各种电气设备的外壳等)接地,以防止该部分在故障情况下突然带电而造成对人体的伤害。保护接地适用于中性点不接地的电网(6～66 kV 的中压系统),如电机、变压器、携带式移动用电器具的金属外壳和底座等。保护接地如图 1-4(a)所示。

(3)保护接零

保护接零是电气设备在正常情况下不带电的金属部分与电网的零线紧密地连接起来,如图 1-4(b)所示。应当注意的是,在三相四线制的电力系统中,通常是把电气设备的金属外壳同时接地、接零,即重复接地保护措施。应该注意,零线回路中不允许装设熔断器和开关,否则由于中性点的偏移,可致使用电设备不能正常工作或被烧毁。

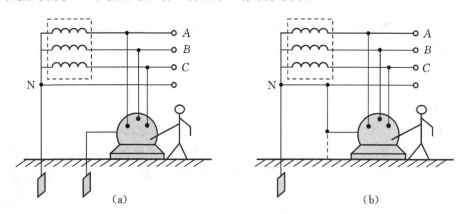

(a)　　　　　　　　　　　　　　(b)

图 1-4　保护接地和保护接零

(4)漏电保护

漏电保护器又称漏电保护开关,是一种电气安全装置,它可以在设备及线路漏电时及时切断电源,起到保护作用。漏电保护器目前已广泛地应用于低压配电系统中。

1.3　通用电气设备安全

电气设备通过插座与供电系统相连接,插头上标注的 L 代表火线,N 代表零线,E 代表接地线,实验室最常见的插座如图 1-5 所示。

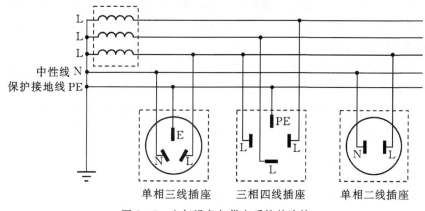

图 1-5　电气设备与供电系统的连接

1.3.1　安全准备工作

安全准备工作有以下几个方面:

①进入工作或实习场地,应详细了解周边环境和工作内容,对涉及到的电器线路在未经测电笔确定无电前,应一律视为"有电",不可用手触摸,不可绝对相信绝缘体。

②电气设备正常不带电的金属外壳、框架,应采取保护接地(接零)措施。工作之前,检查所用设备的金属外壳是否接地(测量电器设备金属外壳与电源线接地端之间的电阻,接地电阻应小于 4 Ω)。

③正确选用和安装电气设备的导线、开关、保护装置。

④设备通电之前,检查设备电源线是否完好,环境电源是否与设备的电压、容量相吻合。

⑤如果设备无法开机,请用万用表检查电源的插座是否有电,设备的保险丝是否完好。

⑥合理配置和使用各种安全用具、仪表和防护用品。对特殊的专用安全用具要定期进行安全试验。

⑦如需进行线路故障排除,应先关闭工作场地电源的开关或电气设备开关,养成良好习惯,切勿带电操作。

⑧导线或电器着火时,应先断电,再用干粉灭火器灭火。切不可用泡沫灭火器,此类灭火器导电。

1.3.2　通用电气设备常见故障及处理

在正常工作状态下,由于环境和温度的影响、电气设备的老化、操作者的失误,都会导致电气设备出现异常,常见的表现如下:

①开机或使用过程中保险丝烧断。

②人体触及设备外壳时有麻震的感觉。

③机内出现烟雾或局部火花。

④仪表指针或数码显示异常,甚至超出正常范围。

⑤温度异常:电气设备在出厂时或在运行规程上都有严格的温度限制,若超过温升(温升是电力设备与环境的温度差,由设备的发热引起)限制将加快设备老化,绝缘下降,最后设备损坏。

⑥气味异常:电气设备的绝缘材料过热会散发异味。

无论出现上述何种现象,首先应该做的是拔掉电源插座,断开电源,再根据具体情况进行检查。

开机或使用过程中保险丝烧断、气味异常,很可能是因为外部连接有短路,需要在排除故障后更换同样规格的保险丝。

人体触及设备外壳时有麻震的感觉、气味异常、温度异常、机内出现烟雾或局部火花,都有可能是绝缘受损但未完全损坏,可以用万用表测量设备电源线"L"端与机壳相连的导电部分(如螺丝)的电阻值,确认设备绝缘是否受损,也可以用试电笔检测与设备金属外壳相连的导电部分,若试电笔氖泡发红光,说明设备绝缘损坏。

1.3.3 安全用电标志

不少电气事故是由于标志不统一而造成的,例如:如果误将相线接电气设备的机壳,就会导致机壳带电,酿成触电伤亡的事故。为此,国标《电工成套装置中的导线颜色》(GB/T2681)中对以导线颜色来标志电路或依电路去选择导线颜色有严格的规定。经国家技术监督局批准实施的 GBl0001—94 中对公共信息标志用图形符号也有明确统一的规定。

1. 颜色标志

我国安全色标采用的标准,基本上与国际标准草案(ISD)相同。常用的安全色标志有以下几种:

①红色:用来标志禁止、停止和消防。如信号灯、设备的紧急停机按钮等,都用红色表示"禁止"的信息。

②黄色:用来标志注意危险。如"注意安全""当心触电"等。

③绿色:用来标志系统安全,可以正常工作。

④蓝色:用来标志强制执行,如"必须戴安全帽"。

⑤黑色:用来标志图像和警告标志的几何图形。

⑥三相电路中:黄色表示 A 相,绿色表示 B 相,红色表示 C 相,淡蓝色表示零线或中性线(N),黄绿双色表示安全用的接地线(PE)。明敷的接地线为黑色。

2. 图形标志

图 1-6 所示给出了部分安全用电标志相关图形。

| 当心触电 | 当心电缆 | 禁止用水灭火 |

| 当心弧光 | 当心微波 | 禁止启动 |

图 1-6　部分安全标志

1.4 触电及急救

人触电后,可能由于痉挛而紧抓住带电体,不能自行摆脱。如果人不能及时摆脱带电体,将会导致严重后果。发现有人触电时,首先要尽快让触电人脱离电源,然后根据具体情况,采取相应的急救措施。使触电者尽快脱离电源的方法很多,应根据现场具体情况来决定救护方法。

1.4.1 脱离电源的方法

①拉闸断电:触电地点附近如果有电源开关或插头,可立即拉开开关或拔下插头,断开电源。但应注意,拉线开关、平开开关只能控制一根线,有可能只切断了零线,而不能断开电源。

②切断电源线:如果触电地点附近没有或一时找不到电源开关或插头,则可用电工绝缘钳或干燥木柄铁锹,斧子等一相一相切断电线,断开电源。

③用绝缘物品脱离电源:若无法及时找到或断开电源时,可用干燥的竹竿、木棒等绝缘物挑开电线,使之脱离电源。

1.4.2 脱离跨步电压的方法

遇到跨步电压触电时,救护人可按上面的方法断开电源,或者穿绝缘靴,或者单脚着地跳到触电者身旁,紧靠触电者头部或脚部,把他拖成躺在等电位地面上(即身体躺成与触电半径垂直位置)即可就地静养或抢救。

1.4.3 急救

应该注意,救护者一定要判明情况,做好自身防护。在切断电源前不得与触电者裸露接触(跨步电压触电除外)。救护者最好站在干燥的木板、凳子上或穿绝缘鞋进行,注意自己的身体不要触及其他接地物。

当触电者脱离电源后,应根据触电者的具体情况力争在触电后1分钟内对症救护。国内外一些资料表明,触电后在1分钟内进行救治的,90%以上有良好的效果,而超过12分钟再开始救治的,基本无救活的可能。如果触电者有以下四种症状,可分别给予正确的救治:

①神志尚清醒,但心慌乏力,四肢麻木:一般只需将其扶到清凉通风处休息,让其自然慢慢恢复。但要派专人照料护理,因为触电者有可能在几小时后会发生病变而突然死亡。

②有心跳,但呼吸停止或极微弱:应该采用口对口人工呼吸法进行急救。首先将触电者面部朝天,头后仰,并将口腔清理干净防止气管堵塞,人工呼吸的频率约每分钟12次。

③有呼吸,但心跳停止或极微弱:应该采用胸外心脏挤压法来恢复触电者的心跳。一般可以按下述口诀进行(频率约每分钟60~80次):当胸一手掌,中指对凹膛;掌根用力向下压,压下突然收。

④心跳、呼吸均已停止者:该类触电者的危险性最大,抢救的难度也最大。应该把以上两法同时使用,亦即采用"人工氧合"的方法。最好是两人一起抢救,如果仅有一人抢救时,应先吹气2~3次,再挤压心脏15次,如此反复交替进行。

1.5　电气火灾的起因

　　过载、短路、接触不良、漏电、雷电等都能引起火灾,对电气设备使用不当以及麻痹大意也是发生电气火灾的主要原因之一。如果发生火灾,应该立即切断电源,无法切断电源时,应用不导电的干粉灭火器灭火,不要用水及泡沫灭火剂,并迅速拨打"110"或"119"报警电话。

　　(1)过载

　　过载是指负荷过大,超过了设备本身或线路的额定载荷致使电流过大,用电设备发热,线路长期过载会降低线路绝缘水平,烧毁设备或线路,如果附近有可燃物,则会引燃或扩大成灾。

　　(2)短路

　　短路是电气设备或电气线路最严重的一种事故状态,短路的主要原因是载流部分绝缘破坏、接错线路、电气设备使用时间过长、绝缘老化、过电压绝缘击穿、雷击所致。电线短路是瞬间发生的线路碰撞而产生极大的电流,发出使金属熔化的爆炸性电弧,并向四周喷溅灼热的熔滴,从而引发火灾。

　　(3)接触不良

　　接触不良主要发生在导线与导线或导线与电气设备连接处,接触不良导致接触电阻增大,发热量也增加,产生局部高温。如果连接松动,甚至若接若离,就有可能出现电弧、电火花,易引起附近可燃物燃烧。

　　(4)雷电

　　雷电是自然界的一种大气放电现象。雷击电力线路、设备等设施时,会产生极高的过电压和过电流,有可能导致设备毁坏,甚至造成火灾或爆炸。

　　预防电器火灾的主要措施是:合理选用电气装置,线路电器负荷不能过高,线路上安装自动保护装置,停止使用超过安全期限的产品和设备,电器设备安装位置距易燃可燃物不能太近,注意防潮等。

1.6　用电安全操作及知识问答

1.实验室用电安全基本要求和注意事项

　　①用电安全的基本要素有:电气绝缘良好,保证安全距离,线路与插座容量与设备功率相适宜,不使用三无产品。

　　②实验室内电气设备及线路设施必须严格按照安全用电规程和设备的要求实施,不许乱接、乱拉电线,墙上电源未经允许,不得拆装、改线。

　　③了解有关电气设备的规格、性能及使用方法,严格按额定值使用。注意仪表的种类、量程和使用方法。

　　④在实验室同时使用多种电气设备时,其总用电量和分线用电量均应小于设计容量。连接在接线板上的用电总负荷不能超过接线板的最大容量。

　　⑤实验室内应使用空气开关并配备必要的漏电保护器;电气设备和大型仪器必须接地良好,对电线老化等隐患要定期检查并及时排除。

⑥实验中,要随时注意仪器设备的运行情况,如发现有超量程、过热、异味、冒烟、火花等,应立即断电,并请相关人员检查。

⑦实验时同组者必须密切配合,接通电源前须通知同组者,以防发生触电。

⑧移动电气设备时,一定要先拉闸停电,后移动设备,绝不可带电移动。

⑨接线板不能直接放在地面,不能多个接线板串联。

⑩电源插座需固定,不使用损坏的电源插座,空调应有专门的插座。

⑪实验前先检查用电设备,再接通电源;实验结束后,先关仪器设备,再关闭电源。

⑫离开实验室或遇突然断电,应关闭电源,尤其要关闭加热电器的电源开关。

2. 用电安全操作知识问答

①为何不能随便在寝室使用电炉?

答:宿舍选用的电线规格一般比较小,而电炉的功率通常在 500～1000 W 间,如果在额定负荷的电线上随意使用电炉,会引起电线或电表线圈发热,甚至引起火灾。

②为何电气装置起火要先切断电源?

答:因为水和泡沫灭火器都是导电的,未切断电源就使用水和泡沫灭火剂扑救,会引发触电伤亡事故。切断了电源就切断了火源,用干粉、气体灭火器灭火,若身边没有干粉或气体灭火器,也可以用沙土覆盖来灭火。

③为何房间内起火不能轻易打开窗门?

答:房间内门窗关闭时,空气不流通,室内供氧不足,因此火势发展缓慢,一般情况下,只有大量的烟雾,却没有很高的火焰。如果将门窗打开,新鲜空气大量进入室内,火势会迅速发展。此外,空气对流会使火势会迅速发展,形成大面积火灾。

④为何不能随便加大保险丝?

答:保险丝是由铅、锡、锑等低熔点合金材料制成的,当通过的电流超过额定值时,它会马上熔断,及时切断电源。这样,在发生短路或超负荷时,就能保护电气线路和设备的安全。保险丝的规格多种多样,一般都根据电气线路上安全载流量的大小来选用保险丝。如果随便加大保险丝,或者改用铁丝代替,在发生短路或超负荷时,保险丝就不会迅速熔断,达不到保护电器设备和电气线路的目的。

⑤为何不能用纸当灯罩?

答:因为纸的燃点为 130 ℃,而一只功率为 60 W 的白炽灯在一般散热条件下,其灯泡表面温度为 140～180 ℃,大大超过纸的燃点,如果用纸当灯罩,灯泡表面温度就会引起纸张燃烧。

⑥为何不能将灯泡装在蚊帐内?

答:蚊帐是可燃物品,其燃点为 200 ℃,而灯泡表面的温度都比较高(一只功率为 100 W 的白炽灯在一般散热条件下,其灯泡表面温度为 170～216 ℃),如果将灯泡装在蚊帐内,不但灯泡表面温度不易散发,而且如灯泡靠近蚊帐,灯泡表面的高温极易引起蚊帐燃烧。

⑦为何同一插座或一条电源延长线,不可插接多个用电器具?

答:由于插座或电源延长线,均有其固定用电量,若图使用方便,插接过多用电器具,可能会造成过载烧损,甚至发生火灾。

⑧电饭煲烧水为啥会起火?

答:在电饭煲底部有一温控开关,当煮饭时升温到 103～104 ℃能自动切断电源并进行保温,而不会发生事故。烧水时因水温不会超过 100 ℃,底部温控开关不能自动切断电源,这样会一直把水烧干,然后烧熔铝制内胆,引起火灾。

⑨拔插头为何应握住插头拔出,不可以拉扯电线的方式拔出?

答:直接以拉扯电线方式拔出,极易造成该插头内导线损伤,甚至可能造成触电危险。

⑩电热效应有何危害?

答:电热效应不加以限制,用电设备(除电热设备外)的绝缘层随温度升高,将使绝缘老化加速,直至烧毁,甚至影响人身安全。导线发热增加导线的损耗功率,使供电线路效能降低。

⑪人与高压线落地点处应保持的安全距离?

答:人与高压线碰地点的安全距离为:室内半径为 4 m,室外半径为 8 m。

⑫空气自动开关使用时应注意的事项?

答:空气开关在使用中应注意:

• 定期清理油污灰尘;

• 定期检查各脱扣器的电流整定值;

• 经常清理灭弧罩栅上的金属颗粒;

• 切忌无灭弧罩或使用残缺灭弧罩运行。

⑬插座接线的有关规定?

答:使用插座接线时应注意:

• 单相两孔——水平安装时,左边接零线,右边接相线;上下安装时,下接零线上接相线;

• 单相三孔——左零右相,中间保护接地(零);

• 三相四孔插座——中间大的接保护接零(地),另三个同样孔径的接相线;

• 带开关的插座,相线必须先进开关,单相三极和三相四极的插座中,中间有一较大的孔(头)是接零(地)用的,插头插入插座时,该点先接触,离开时该点后离开,起到安全保护作用。

⑭简述保护接地和保护接零的工作原理。

答:保护接地是靠接地电阻分流作用来降低故障设备对地电压;保护接零是使通过故障设备的电压通过零线回到电源时的特大电流,使得保护设施动作,切断电源而实现安全保护。

⑮说明保护接地和保护接零的应用范围。

答:保护接地和保护接零的应用范围如下:

• 保护接地——保护接地用于三相四线制中性点不接地的电力系统中,将不带电的金属接地(另有规定的除外);

• 保护接零——保护接零用于三相四线制中性点接地的电力系统中,设备不带电的金属均应接零。

1.7 本章小结

电作为一种能源与人们的生活及生产密不可分。然而一个事物总是有两面性,它造福人类的同时,也存在着诸多隐患,用电不当就会造成灾难。因此,人们在利用电时不仅要提高思想的认识,更要预防它给我们带来的负面影响,请大家"安全用电,珍视生命"。

第2章 通用测量仪器的使用

对于反映被测物理量变化过程的信号,将其转换成人们视觉所见的各种波形或可读取的数值,是测试系统中不可缺少的环节。常见的表示信号的波形及其参数有哪些,如何描述以及观察它们,是我们本章要解决的问题。

正弦波、锯齿波和矩形波在工程中有广泛的应用背景,它们的波形参数可以用来表示信息。认识这些常用信号的波形参数具有非常重要的实际意义。

2.1 波形的参数

2.1.1 信号的波形参数

1. 正弦波

正弦波的主要参数有周期、幅值、峰-峰值、直流电平,如图2-1所示。

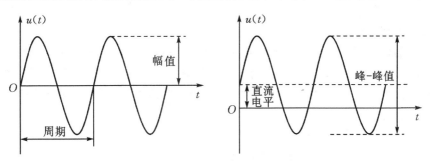

图2-1 正弦波的主要参数

2. 锯齿波和三角波

锯齿波的主要参数有周期、峰-峰值、直流电平、上升段和下降段,如图2-2所示。三角波是上升段斜率和下降段斜率绝对值相等的锯齿波,如图2-3所示。

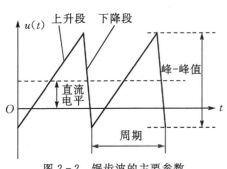

图2-2 锯齿波的主要参数

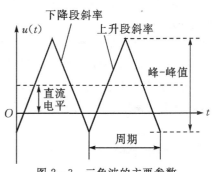

图2-3 三角波的主要参数

3.矩形波和方波

矩形波的主要参数有周期、峰-峰值、直流电平、高电平、低电平和占空比。

$$占空比 = \frac{高电平段宽度}{周期} \times 100\%$$

方波是占空比为 50% 的矩形波。矩形波和方波主要参数如图 2-4、图 2-5 所示。

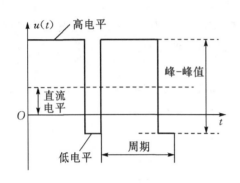 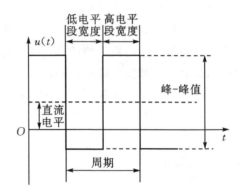

图 2-4 矩形波的主要参数　　　　图 2-5 方波的主要参数

观察到信号波形及其参数后,将表示信号的波形及其参数记录下来,能够为后续分析和研究提供依据。如何用简明的表达清晰准确地反映信号是接下来需要解决的问题。

2.1.2 信号的记录

通常波形的记录有下列几个要点。

①坐标系的建立:包括横、纵坐标及坐标原点。横、纵坐标应标出物理量/单位,对于复杂波形,还应标出坐标刻度。如图 2-6 所示,纵坐标是电压,横坐标是时间,表明是随时间变化的电压信号。需要注意的是,横坐标是时间的,一般不在其负半轴作图。测量结果直接标注到图中。

②如实记录波形:对于周期信号,记录 1~2 个完整周期的波形;对于非周期信号则应记录完整信号。

③标出信号的波形参数:波形中的关键点,例如波形曲线的拐点;同一坐标内多条信号曲线的应标出每条信号曲线的物理意义等。

④简要说明记录的信号:例如获得信号的测试环境、系统或元件参数等。

观察信号、搭建测量系统需要用到通用测量仪器。示波器、函数信号发生器、直流稳压电源、

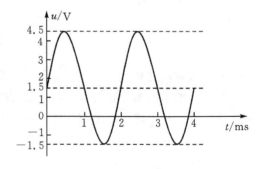

图 2-6 正弦波信号的记录

数字多用表这四种通用测量仪器是工业系统测量技术中必不可少的工具。这几种工具能用来做什么,如何正确使用它们是接下来需要解决的问题。

2.2   示波器介绍

示波器是用来观察信号的波形、测量信号的幅值、周期等参数的仪器。示波器分为数字型和模拟型两类。图 2-7 所示的是一台模拟示波器。

图 2-7   模拟示波器

示波器的基本组成如图 2-8 所示。

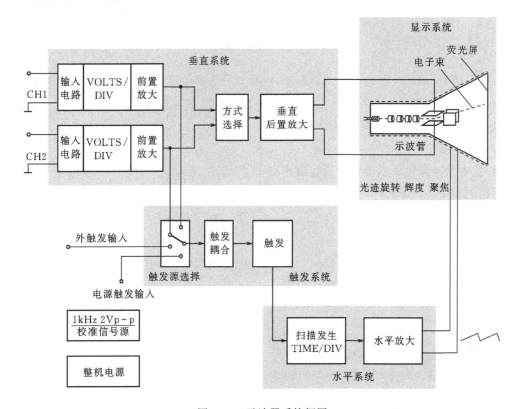

图 2-8   示波器系统框图

示波管中的电子枪发射高速电子束,打在涂有荧光物质的荧光屏上时,会形成光点。电子束在水平方向和垂直方向的运动受示波管中水平偏转板和垂直偏转板上电压的控制。在垂直偏转板上加正比于被测信号的电压,则电子束在垂直方向的位移量正比于被测信号的电压值;在水平偏转板上加锯齿波电压,使电子束在水平方向做匀速直线运动;为了使荧光屏上显示的图形保持稳定,要求被测信号的频率和锯齿波电压信号的频率保持同步。垂直偏转电压由垂直通道输出,水平偏转电压由扫描系统输出,而保持同步则由相应的触发系统实现。

2.2.1 示波器的基本操作

了解了示波器的基本原理,使用者更关注的是如何使用示波器。示波器的使用通过操作示波器控制面板上的各种开关等实现。示波器控制面板如图 2-9 所示。

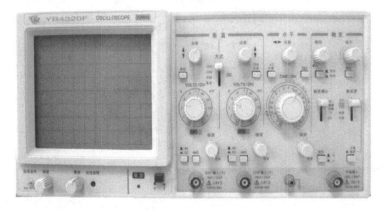

图 2-9 示波器面板

可以看出,对应示波器的四个主要系统,面板划分为显示区、垂直区、水平区和触发区四个区域。垂直区由功能相同的两个区组成,说明示波器有两个信号通道。

下面介绍示波器的基本操作步骤。

1. 准备工作

(1)检查示波器电源连接和通道电缆连接

示波器通道连接电缆称为探极,如图 2-10 所示。

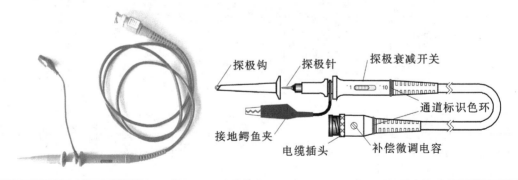

图 2-10 示波器探极

注意:确认探极完好并与示波器通道插口连接可靠。

(2)常用按钮固定位置

通常打开电源之前,面板上的按钮、旋钮、开关处于不工作的位置。一些常用按钮应置于工作的状态。

自动:位于触发区的此按钮按下,自动进行扫描,即使被测信号未能与触发同步,甚至无触发信号输入时,扫描总在进行。

锁定:位于触发区的此按钮按下,触发电平保持在触发信号幅度范围内,总能产生触发。

2. 接通示波器电源

按下电源开关,电源指示灯亮,约 20 s 后,屏幕上出现扫描线。示波器荧光屏水平划分成 10 格,竖直划分成 8 格,每一格又划分成 5 小格,如图 2-11 所示。

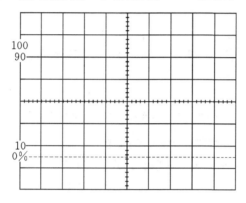

图 2-11　示波器荧光屏

3. 调节扫描线

辉度:调节扫描线的亮度。应避免辉度过亮,过亮容易造成眼睛疲劳,并且很亮的静止光点会使荧光屏局部烧坏。

聚焦:调节扫描线的粗细,和辉度配合调节使扫描线最清晰。

光迹旋转:调节扫描线使其水平。

4. 信号的显示

(1)选择通道,接入信号

根据被测信号的数量和测量需求选择通道,例如同时观察两路不同的信号波形可以同时使用两个通道。利用探极接入被测信号,如图 2-12 所示,探极钩接信号端,鳄鱼夹接地。

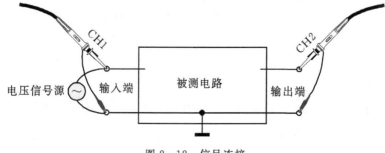

图 2-12　信号连接

注意:示波器两个探极的接地鳄鱼夹是连通的,不能连接在不同电位点!

(2)控制面板操作

①垂直区:

方式:通道工作方式选择开关。有四种工作方式:

CH1:单通道工作,仅显示通道1的信号;

CH2:单通道工作,仅显示通道2的信号;

双踪:双踪方式,同时显示两路信号;

叠加:显示两个通道信号幅值的代数和,即 CH1+CH2 的幅值。此按钮和 CH2 反相按钮配合使用,若此按钮按下,显示 CH1−CH2 的幅值。

接地、AC/DC:通道的输入方式选择开关,如图 2−13 所示。

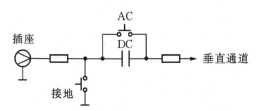

图 2−13 示波器垂直通道的输入电路

接地:按下时信号被短路到仪器的地,不能进入通道。此时屏幕上仅显示扫描基线。

AC/DC:选择信号输入垂直通道的耦合方式。"AC"为交流耦合,信号经过一个电容器进入垂直通道,直流分量被电容器滤除,仅能显示交流分量;"DC"为直接耦合,信号直接进入垂直通道,显示信号的全部成分。

位移:通道垂直位移调节,在垂直方向上平移信号的显示位置,以便于读数。

VOLTS/DIV:通道的量程选择开关。量程范围为 1 mV/DIV～5 V/DIV,共 12 档。

②水平区:

位移:水平位移调节,在水平方向上平移信号的显示位置,以便于读数。

TIME/DIV:扫描速率选择开关。量程范围为 0.1 μs /DIV～0.5 s/DIV,共 21 档。

③触发区:

触发源:选择触发信号源。

CH1:1 号通道的被测信号作触发信号;

CH2:2 号通道的被测信号作触发信号;

电源:电力网的交流电作触发信号,用于测量与电网频率关系密切的信号;

外接:经"外接输入"端从外部引入其他信号作触发信号。

注意:为了保证信号稳定,通常触发源的选择和所选用的信号通道一致,双踪测量时选幅值大的一路作为触发源。

5. 信号的测量

(1)调节垂直零点

按下"接地"按钮,调节垂直"位移",使扫描基线与屏幕上某条横格线重合,弹出"接地"按钮。此时扫描基线的位置将作为整个测量工作中的 0 V 线。观测周期信号时,水平(时间轴)的零点没有确切意义。

（2）校准

①垂直区：

微调：垂直通道微调旋钮，置于"校准"位置实现垂直方向的校准。

②水平区：

扫描非校准、水平微调："扫描非校准"按键按下时，"水平微调"旋钮可以微调扫描速率，从而改变波形的水平方向显示宽度。将其旋至校准位置实现水平方向的校准。"扫描非校准"键弹出时，"水平微调"旋钮失效，扫描处于校准状态。

（3）测量

①保证测量精度。

垂直方向：调节"VOLTS/DIV"旋钮，使波形尽可能大地显示在屏幕的 10%～90% 的范围内。

水平方向：调节"TIME/DIV"旋钮，在屏幕上显示 1～2 个波形的完整周期。

②获得波形参数。

峰-峰值：荧光屏中波形波峰到波谷所占格数乘以"VOLTS/DIV"为信号峰-峰值。

周期：荧光屏中波形周期所占格数乘以"TIME/DIV"是周期大小。

直流电平：在"AC/DC"按钮之间进行切换，波形平移的格数乘以"VOLTS/DIV"示数为直流电平大小。

2.2.2　示波器的操作实例

示波器自带供仪器校准用的校准信号输出端子，输出 2 Vp-p、1 kHz、+1 V 直流电平的方波信号。以测量校准信号为例，熟悉示波器的使用过程。

（1）准备工作（见图 2-14）

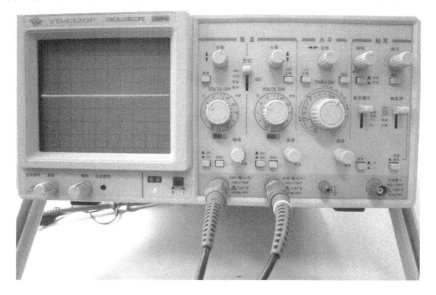

图 2-14　示波器准备工作

(2)信号的显示(见图 2-15)

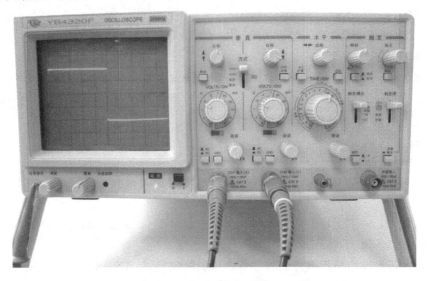

图 2-15 校准信号的显示

(3)信号的测量(见图 2-16)

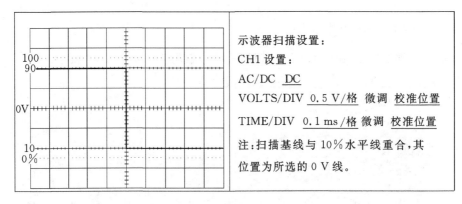

示波器扫描设置：

CH1 设置：

AC/DC DC

VOLTS/DIV 0.5 V/格 微调 校准位置

TIME/DIV 0.1 ms/格 微调 校准位置

注:扫描基线与 10% 水平线重合,其
位置为所选的 0 V 线。

图 2-16 校准信号的测量

(4)信号的记录(见图 2-17)

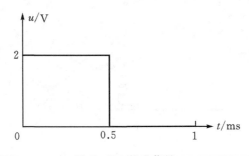

图 2-17 校准信号

2.3　函数信号发生器

　　函数信号发生器能产生正弦波、锯齿波、矩形波等函数信号,并能在一定范围内调节信号的波形参数。图 2-18 所示是一台函数信号发生器的面板。

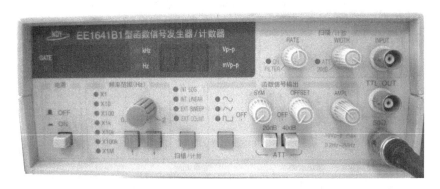

图 2-18　函数信号发生器面板

2.3.1　函数信号发生器的基本操作

　　使用者通过操作函数信号发生器控制面板上的各种开关实现信号的选择、调节与输出。函数信号发生器的基本操作步骤如下。

1.准备工作

(1)检查函数信号发生器电源连接和通道电缆连接

函数信号发生器的通道电缆如图 2-19 所示,通常和仪器上 50 Ω 输出插座相连。

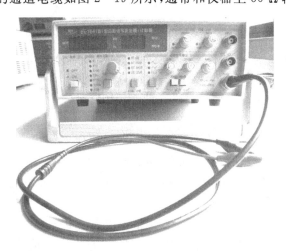

图 2-19　函数信号发生器的通道电缆

注意:确认通道电缆完好并与仪器上的电缆插头连接紧密。

（2）常用按钮固定位置

图 2-18 所示的函数信号发生器有两种工作方式：信号输出方式和计数方式。如果用其信号输出方式，那么与"计数"有关的按钮、旋钮、开关处于不工作的位置。

2. 接通信号发生器电源

按下电源开关，信号发生器显示窗口会有初始值示数显示，如图 2-20 所示。

图 2-20　函数信号发生器的显示窗口

左边的显示窗口是输出信号频率的实际值，右边的显示窗口是输出信号的峰-峰值。直接读数，单位自动切换。

3. 根据需求输出信号

（1）信号波形选择

波形选择按钮能在三种基本信号：正弦波、三角波、方波之间进行切换。配合"SYM"（symmetry，波形对称性）旋钮使用：在三角波波形选择时，它能调节上升段和下降段斜率，从而输出锯齿波；在方波波形选择时，它能调节占空比，从而输出矩形波。

（2）信号频率调节

频率范围控制面板用来调节输出信号的频率。由两个部分组成：

粗调："频率换档按钮"实现 0.2～2 MHz 的频段范围切换，共分 7 档。

微调："频率调节旋钮"实现在每一个频段范围内频率的连续调节。

调节过程：先粗调，再微调，直到达到需要的频率值。

（3）信号峰-峰值调节

"AMPL"（amplification，幅度）旋钮在 2～20 V 范围内连续调节输出信号的峰-峰值。配合"ATT"（attenuation，衰减）按钮使用实现小幅值信号的输出：按下"20 dB"信号衰减 10 倍，按下"40 dB"信号衰减 100 倍，"20 dB"和"40 dB"同时按下时信号衰减 1000 倍。

（4）信号中的直流电平输出。

"OFFSET"（直流电平）旋钮用来调节输出信号中直流电平的大小。

需要说明的是，由于直流电平大小不改变信号峰-峰值，所以信号发生器峰-峰值显示窗口不能显示当前输出直流电平的大小，直流电平的大小只能利用示波器测量获得。

2.3.2　函数信号发生器的操作实例

利用函数信号发生器输出一个频率为 100 Hz、峰-峰值为 4 V，直流电平大小可调节的正弦波信号,利用示波器观察信号并测量直流电平的大小,通过具体实例熟悉函数信号发生器的使用过程。

1. 信号的输出

将函数信号发生器的通道电缆与示波器一路探头连接,检查仪器面板常用按钮固定位置,如图 2-21 所示。打开仪器电源开关,选择正弦波形,调节输出频率为 100 Hz、调节输出信号峰-峰值为 4 V,调节示波器清晰稳定的显示该被测信号。

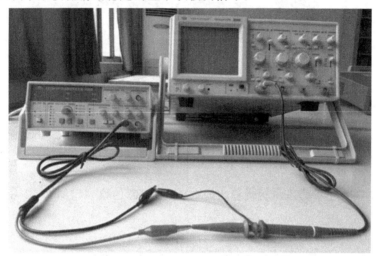

图 2-21　函数信号发生器与示波器连接

2. 直流电平的调节

示波器垂直区"AC/DC"按钮选择"DC"方式,在未加入直流电平的示波器显示信号中选择一个参考点(通常为峰值点),如图 2-22 所示,操作"OFFSET"(直流电平)旋钮加入直流电平,观察并记录示波器显示信号参考点上下平移的格数,格数乘以"VOLTS/DIV"示数为直流电平绝对值大小。如图 2-23 所示,信号向上平移表示直流电平极性为正,反之极性为负。

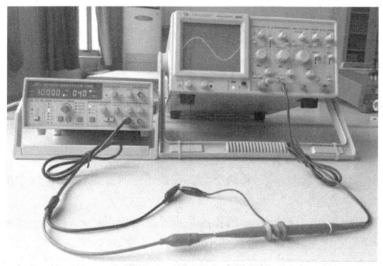

图 2-22　信号中不含直流电平

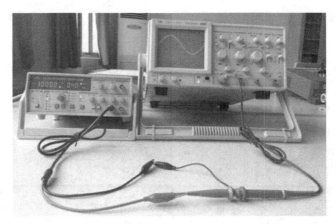

图 2-23　直流电平的调节

2.4　直流稳压电源

直流稳压电源是一种为系统提供稳定的电压、电流源的仪器。图 2-24 所示是一台直流稳压电源的面板。

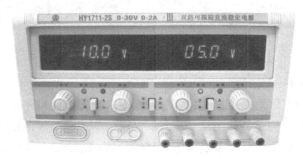

图 2-24　直流稳压电源面板

▶ 2.4.1　直流稳压电源的基本操作

以直流稳压电源输出稳定电压为例介绍仪器的使用,作为电压源使用的基本操作步骤如下。

1. 准备工作

①将"V/A"按钮弹出,使仪器处于稳压输出工作方式。

②确保电压从 0 V 开始输出。

电压的大小由"调压"旋钮调节,将两个"调压"旋钮逆时针旋到底,此时输出电压为 0 V。

③过电流保护点设置。

作可调电压源使用时,"调流"旋钮的作用是设置过电流保护点,当输出电流大于保护点值时,过电流保护功能起作用,使输出电压减小为 0 V。通常,过电流保护点设置的具体操作为:根据估算负载的大小将"调流"旋钮逆时针旋到底后顺时旋转一个较小的角度(如 30°)。

2. 在断电的情况下完成电路连接

①单极性电压源。

通过第Ⅰ路或第Ⅱ路的"＋""－"接线柱输出单极性电压。如图 2-25 所示。

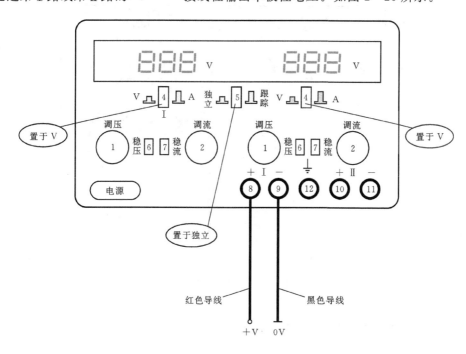

图 2-25　单路输出方式的连接

②双极性电压源。

按下"独立/跟踪"按钮,将第Ⅰ路的"－"接线柱与第Ⅱ路的"＋"接线柱相连作为系统地,此时第Ⅱ路的输出电压跟踪第Ⅰ路的输出电压,第Ⅰ路"＋"接线柱输出正电压,第Ⅱ路"－"接线柱输出负电压。如图 2-26 所示。

③接通仪器电源。

④根据需求调节输出电压值。

调节"调压"旋钮改变输出电压的大小,输出电压的大小通过显示窗口显示。

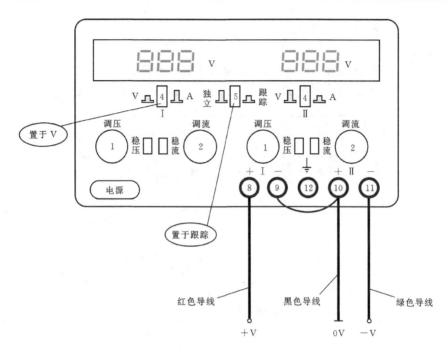

图 2-26 双极性跟踪方式

2.4.2 直流电压源的操作实例

以直流稳压电源输出 10 V 单极性电压和±10 V 双极性电压为例,熟悉直流电压源的使用过程。

1. 10 V 单极性电压的输出

电路的连接和电压输出,如图 2-27 所示。

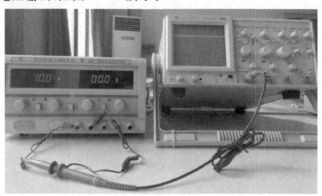

图 2-27 10 V 单极性电压的连接和输出

2. ±10 V 双极性电压的输出

电路的连接和电压的输出,如图 2 - 28 所示。

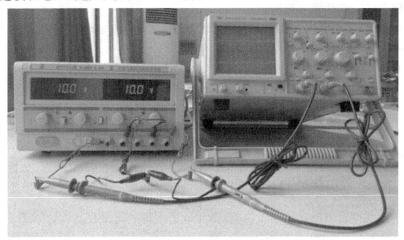

图 2 - 28　±10 V 双极性电压的连接和输出

2.5　数字万用表

数字万用表有台式和便携式两种类型。图 2 - 29 是一种台式数字万用表的面板,图 2 - 30 是一种便携式数字万用表。台式万用表的数字显示有 $3\frac{1}{2}$ 位、$4\frac{1}{2}$ 位等,便携式万用表多是 $3\frac{1}{2}$ 位。数字仪器的位数越多,精度越高。

图 2 - 29　一台式数字万用表面板　　　2 - 30　便携式数字万用表

2.5.1　数字万用表的基本操作

台式和便捷式数字万用表的基本操作相同,具体操作步骤如下:

①根据被测对象选择表笔插孔。

黑色表笔插入 COM 黑色插孔,测量电压和电阻时,红色表笔插入 VΩ 红色插孔;测量电流时,根据量程大小红色表笔插入 mA 或 A 红色插孔。

②根据被测对象选择相应功能。

·测量电压时,选中电压表功能,若被测对象是交流电压,采用"AC"交流方式测量;若被测对象是直流电压,采用"DC"直流方式测量。

·测量电流时,选中电流表功能。

注意:为了安全,电流测量结束后应立即将万用表设置成非电流测量功能。

·测量电阻时,选中电阻表功能。

③预估被测量的值,选择合适的量程开关。便携式数字万用表有自动选择量程功能。

④读出被测量大小。万用表显示屏上显示当前被测量的大小,直接读数。

2.5.2　数字万用表的操作实例

以台式数字万用表测量直流电压为例,熟悉数字万用表的操作过程。如图 2 - 31 所示。

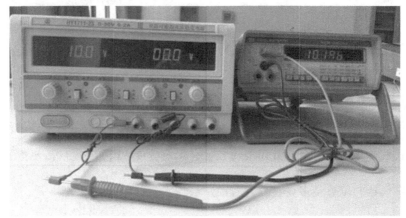

图 2 - 31　台式数字万用表测量直流电压

2.6　训练内容

1. 示波器"AC/DC"功能的观测

用示波器观测函数信号发生器产生的信号:调节示波器垂直零点,"AC/DC"按钮置于 AC,调节"OFFSET"或"直流电平"旋钮,观察波形。保持垂直零点,"AC/DC"按钮置于 DC,调节"OFFSET"或"直流电平"旋钮,观察波形。

2. 信号发生器衰减功能的观测

函数信号发生器的"20 dB"和"40 dB"按钮均弹出。输出频率为 1000 Hz、峰-峰值为 10 V 的正弦波信号。分别按下"20 dB"和"40 dB"按钮,观测波形。同时按下"20 dB"和"40 dB"按钮,观测波形。在表 2 - 1 中记录这几种情形下输出信号的峰-峰值。

表 2-1　信号发生器衰减功能观测记录

0 dB	20 dB	40 dB	(20+40) dB
10 Vp-p			

3. 正弦波产生及观测

调节函数信号发生器,输出一个频率为 1000 Hz、峰-峰值为 0.5 V、直流电平为零的正弦波信号,用示波器测量该信号,记录观测到的波形。

4. 三角波产生及观测

调节函数信号发生器,输出一个频率为 2000 Hz、峰-峰值为 5 V、直流电平为 2.5 V 的三角波信号,用示波器测量该信号,记录观测到的波形。

5. 方波产生及观测

调节函数信号发生器,输出一个频率为 2000 Hz、低电平 0 V,高电平 5 V 的方波信号,用示波器测量该信号,记录观测到的波形。

6. 直流稳压电源输出的观测

①调节直流稳压电源,输出 5 V 电压,分别用数字万用表和示波器观测。
②调节直流稳压电源,输出 ±5 V 双极性电压,分别用数字万用表和示波器观测。

2.7　本章小结

本章介绍了示波器、信号发生器、直流稳压电源和万用表四种通用仪器,它们是测量、调试、开发系统时必备的通用工具。通过常用功能、具体操作以及注意事项的介绍,使读者在后续实践中能够利用这些工具完成基本测量。

第3章 测量系统

3.1 概述

最初,人类认识世界的方式之一便是测量。物体的大小、距离的远近、时间的长短,我们把它们统称为"被测量"或"测量对象"。随着人类不断地探索未知领域,社会不断地向前发展,测量对象的范围迅速扩大,并且变得更为广泛复杂,它们分布在各个领域:现代工业生产、基础学科研究、海洋探测、军事国防、环境保护、生物工程、医学诊断、家用电器、公共安全等等,这些领域无一不与我们的生活息息相关。我们利用测量技术不断地改造着我们的生活,使其更美好更繁荣。那么,如何获取到各种类型的被测量,并记录、显示或控制它们? 为了回答这一问题,我们应该要掌握最基本的测量技术,学会如何构成测量系统。

在本章中,我们将学习测量系统的基本组成,学习传感器的基本特性和几种信号调理电路的搭建,学会选用适当的传感器、信号调理电路和显示装置设计简单的测量系统,并对测量系统进行基本测试。当然,领域不同,测量对象不同,也决定了测量方法的种类和广度数不胜数,在此不一一列举。希望通过本章内容的学习,读者在遇到此类问题时可以由此及彼,举一反三,灵活运用。

3.2 测量系统的一般组成

在日常生活中,我们常常能够注意或观察到一些现象,例如,电冰箱、空调按照我们的需求调整温度,红外遥控器让我们"坐享其成",报警器报告燃气泄露避免意外发生,汽车的车速表提醒我们不会超速等等,不胜枚举。深入地想,温度、位置、气体浓度、转速这些信息是如何被我们获得的? 正是测量技术给我们带来了太多便利和帮助。

尽管获取不同被测量的测量技术不尽相同,但是构成一个测量系统最基本的硬件部分基本一致,主要有传感器、信号调理电路、显示/记录装置、电源。如图 3-1 所示。

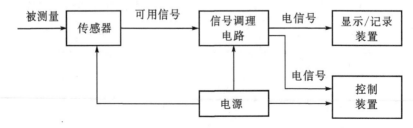

图 3-1 测量系统的一般组成

传感器是能按照一定的规律将规定的被测量转换成可用信号的器件或装置,是测量系统中的前置部件。可用信号是特定场合中适于特定介质传输,能够被后续部件接受的信号。传感器通常安装在被测量发生的部位或被测量能够作用到的位置。传感器的种类繁多,可以按不同方法分类。按工作机理分类,有结构型、物性型和结构物性复合型;按是否需要供电,分为有源的和无源的;按敏感元件的电性质分类,分为电阻式、电容式、电感式;按输出信号的形式分类,有电压型、电流型等;按被测量分类,传感器种类更是数不尽数,例如,运动学和力学中有力/力矩、位移、速度等,热力学中有温度、压力等,流体力学中有液位、流速等,化学和化工中有浓度、pH 值、湿度等,生物学中有血压、血氧饱和度等,还有电磁学、光学等等,大多数传感器产品的输出信号是电压、电流、波形信号。传感器技术已经在越来越多的领域得到应用。

信号调理电路是测量系统中不可缺少的中间部件。传感器输出的信号往往不太合适,或功率很小,或信号形式不适当,或数值范围不适当,不能直接送给显示装置、记录装置或控制装置。信号调理电路的作用是对传感器输出的信号施行一定调整或处理,使信号的功率、形式和数值范围符合显示装置、记录装置或控制装置的输入端的要求。信号千差万别,因而信号调理方法也丰富多样,例如分压、分流、滤波、限幅、放大、衰减、隔离、整形、电流/电压转换、频率/电压转换、模/数转换等等。信号调理的主要技术是模拟电子技术或数字电子技术,随着时代发展,有的传感器内部集成了部分信号调理电路,传感器和信号调理电路一体化研究开发制造越来越多。

显示装置的作用是将被测量的值和单位显示给用户观察。最常见的显示方式有单灯方式,稍复杂的有指针方式和数字方式。单灯显示方式用一个指示灯的亮/灭显示如通、断、转/停、是/否等的开关量,常用于超载、过热、超速之类事件的报警,还常常伴有蜂鸣器鸣笛报警。指针显示方式用指针在度盘上的位置指示出被测量的数值,指针需要有偏转机构带动;数字显示方式用若干位数字直接显示出被测量的数值,需要进行模/数转换和译码。图形显示方式用图形形象地显示更丰富的信息,需要较复杂的信号调理技术和驱动技术。

大多数传感器、信号调理电路和显示装置需要直流电源供电,如果不用电池供电,测量系统必须具备自己的直流电源单元。直流电源单元从电力网获得直流电压,是向测量系统提供所需能源的部件,电源单元的性能可以影响整个系统的性能。

3.3　传感器特性

3.3.1　传感器的静态特性

当输入量是静态或变化缓慢的信号时,输入与输出的关系称为静态特性。此时传感器的输入与输出有确定的数值关系,各个量都与时间无关,可以用函数式 3-1 表示为

$$y = f(x) \tag{3-1}$$

若用直角坐标系中的曲线表示,如图 3-2 所示。有时通过实测获得静态特性数据,用数表和直角坐标系中的散点图表示,也可以为散点图拟合一条曲线,根据曲线特征来描述传感器特征。描述传感器特性的主要指标包括:量程、灵敏度、阈值、线性度、迟滞、精度等,它们是衡量传感器静态特性的重要指标参数。

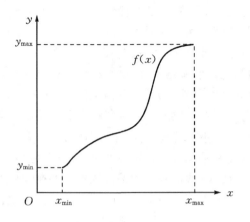

图 3 - 2　输入输出特性

1. 量程

量程也称测量范围、输入范围,记为 Range,是以被测量(或输入量)下限值 $x_{\min}$ 和上限值 $x_{\max}$ 为端点的实数区间 $[x_{\min}, x_{\max}]$ 长度,表示为

$$\text{Range} = x_{\max} - x_{\min} \tag{3-2}$$

对应的输出量值区间为 $[y_{\min}, y_{\max}]$。

2. 灵敏度

灵敏度是传感器的一个重要指标,指的是输出量的增量 Δy 与引起该增量的输入量增量 Δx 之比,是输出-输入曲线的斜率,如图 3 - 3 所示。可用式 3 - 3 表示

$$\eta = \frac{\Delta y}{\Delta x} \tag{3-3}$$

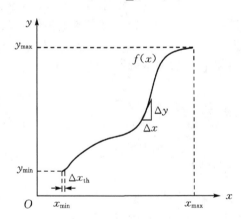

图 3 - 3　灵敏度和阈值

灵敏度单位是 $\left(\dfrac{y \text{ 的单位}}{x \text{ 的单位}}\right)$。如果传感器的输入-输出关系是线性的,那么灵敏度是一个常数。否则,灵敏度随着输入的变化而变化。

3. 分辨力、分辨率与阈值

(1)分辨力

传感器的输入从非零值开始缓慢增加,在超过某一输入增量后,输出发生可观测的变化,这个输入增量称为传感器的分辨力,即最小输入增量,记为 λ。如式 3-4 表示,即 Δx 小于 λ,输出量没有相应的 Δy。

$$\frac{\Delta y}{\Delta x} = 0 \ , \ \Delta x < \lambda \tag{3-4}$$

分辨率 ψ 定义为分辨力相对于满量程输入值的百分比,用式(3-5)表示

$$\psi = \frac{\lambda}{x_{\max} - x_{\min}} \times 100\% \tag{3-5}$$

(2)阈值

传感器的输入从零开始缓慢增加,在输入达到某一值后,输出发生可观测的变化,此时输入值称为传感器的阈值,或临界值。阈值是指输入小到某种程度输出不再变化的值。如图 3-3 所示,输入量下端的不灵敏区,记为 Δx_{th}。这个区间上 $\Delta y/\Delta x = 0$,阈值是由下限处的分辨力决定的。

4. 线性度与非线性误差

一个理想的传感器,我们希望它具有线性的输出-输入关系,但大多数传感器是非线性的。线性度是指实际关系曲线偏离拟合曲线的程度,加图 3-4 所示,最大偏差称为传感器的非线性误差,记为 δ_L,用式(3-6)表示。

$$\delta_L = \big| y - (ax+b) \big|_{\max} \tag{3-6}$$

非线性误差率定义为

$$\varepsilon_L = \frac{\delta_L}{y_{\max} - y_{\min}} \times 100\% \tag{3-7}$$

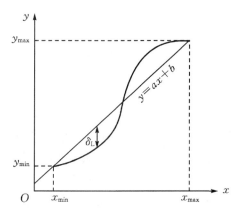

图 3-4 非线性误差

5. 迟滞

在相同条件下,传感器在正行程(输入由小到大)和反行程(输入由大到小)期间,所得输入、输出特性曲线往往不重合,称为迟滞现象,也称为回差,如图 3-5 所示。迟滞差值定义为全量程内正程特性曲线与逆程特性曲线纵坐标之差的绝对值的最大值,记为 δ_H,用式(3-8)

表示

$$\delta_{\mathrm{H}} = \big| y_{\mathrm{d}} - y_{\mathrm{c}} \big|_{\max} \tag{3-8}$$

迟滞差率也称为回差率,定义为

$$\varepsilon_{\mathrm{H}} = \frac{\delta_{\mathrm{H}}}{y_{\max} - y_{\min}} \times 100\% \tag{3-9}$$

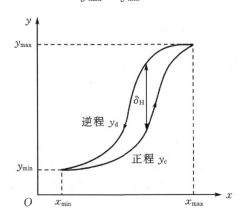

图 3-5　迟滞特性

6. 精度和精度等级

传感器的精度是指测量的可靠程度,是测量中各类误差的综合反映,测量误差越小,精度越高。精度是传感器的一个重要静态特性指标。

一次测量的示值记为 $\hat{x}$,被测量的真值记为 x,一次测量的绝对误差定义为

$$\delta = \hat{x} - x \tag{3-10}$$

一次测量的相对误差定义为

$$\varepsilon = \frac{\delta}{x} \times 100\% \tag{3-11}$$

在规定的工作环境中,正常工作情况下,测量系统量程内允许的绝对误差最大值记为 $\delta_{\max}$。一个测量系统的精度定义为

$$精度 = \frac{\delta_{\max}}{x_{\max} - x_{\min}} \times 100\% \tag{3-12}$$

工程技术中为简化传感器精度的表示方法,引入了精度等级的概念,式 3-12 右边略去正负号和百分号就称为该测量系统的精度等级,常简称为精度。国家质量监督部门和标准化管理机构规定了若干个精度等级,常见的一般工业测控产品多为 0.1 级～4.0 级。一个工业测控产品的精度通常在产品目录和说明书中给出,往往还标识在产品的刻度盘、标尺或铭牌上。科学研究和工程实际中,为了评估测量的误差,通常用 A 和 B 两个测量系统同时进行同一测量,系统 B 的精度比系统 A 的精度至少高两个等级,系统 A 是实际测量中使用的被评估系统,系统 B 是作为标准的系统,系统 B 的示数被视为该具体情况下的"真值"。通过实测获得测量系统静态特性。实际上是用 A 和 B 两个测量系统同时进行一系列相同测量,得到系统 A 的分度值,如果系统 B 是符合国家有关规定的高精度系统,就称为对系统 A 标定的过程。标定是传感器及测量系统研究开发的重要环节。

　　传感器还有其他静态性能指标,例如,重复性,与工作环境有关的指标如工作环境温度、温度引起的零点漂移、温升、贮存环境温度;与供电有关的指标如电源电压允许范围、功率消耗;与使用有关的指标如过载能力、输出驱动能力等。此外还有重量、外形尺寸及安装尺寸等。

▶ 3.3.2　传感器的动态特性

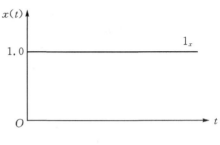

　　传感器的动态特性是指输入随时间变化时,输入和输出的关系。为使传感器的输出信号及时准确地反应输入信号的变化,不仅要求传感器有良好的静态特性,更希望它有好的动态特性。如图 3-6 所示的单位阶跃信号 1_x 作为测试动态性能指标的输入信号。

图 3-6　单位阶跃信号

　　设初始时刻前($t<0$)x 和 y 均不随时间变化,$x(t)$ 是单位阶跃信号 1_x,$y(t)$ 称为系统的单位阶跃响应,$0 \leqslant t < \infty$。如果一个测量系统在 1_x 作用下有一个静态值 1_y,这个系统的单位阶跃响应 $y(t)$ 波形如图 3-7 所示。单位阶跃响应波形 $y(t)$ 上定义的诸项特征统称为动态性能指标,主要有以下几项。

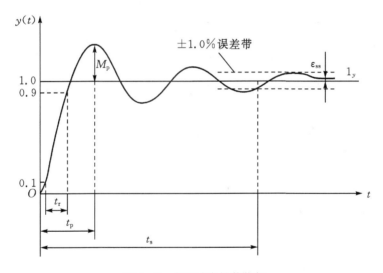

图 3-7　主要动态性能指标

　　①上升时间 t_r:单位阶跃响应 $y(t)$ 从 1_y 的 10% 上升到 1_y 的 90% 所需的时间。

　　②峰值时间 t_p:单位阶跃响应 $y(t)$ 从起始时刻到第一个峰值时刻所需的时间。

　　③调整时间 t_s:单位阶跃响应 $y(t)$ 进入规定的误差带而不再离开所需的最少时间。误差带常规定为 $\pm 0.1\%$、$\pm 0.2\%$、$\pm 0.5\%$、$\pm 1.0\%$、$\pm 2.0\%$ 等。

　　④超调量 M_p:

$$M_p = y(t_p) - 1_y \tag{3-13}$$

　　⑤百分比超调量 σ_p:

$$\sigma_p = \frac{y(t_p)}{1_y} \times 100\% \tag{3-14}$$

⑥稳态误差 ε_{ss}：若 $y(t) \xrightarrow{\ t \to \infty\ } y_{\infty}$

$$\varepsilon_{ss} = y_{\infty} - 1_y \tag{3-15}$$

⑦百分比稳态误差 σ_{ss}：

$$\sigma_{ss} = \frac{\varepsilon_{ss}}{1_y} \times 100\% \tag{3-16}$$

⑧振荡次数：单位阶跃响应 $y(t)$ 在到达 t_s 前振荡的周期个数。

有些系统没有超调现象，无需使用峰值时间和超调量指标，如图 3-8 所示。

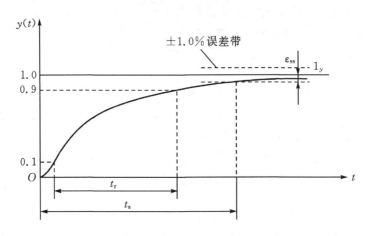

图 3-8　无超调系统的主要动态性能指标

科学研究和工程实际中，还将动态特性归结为"快、准、稳"三个方面的品质，对于单位阶跃测试信号，分别表现为以下指标。

- "快"：上升时间、峰值时间和调整时间小。
- "准"：稳态误差小。
- "稳"：没有超调，或超调量很小，振荡能很快消除。

3.4　几种常用传感器

3.4.1　弹性体-应变片式力传感器

在工程实际中，力传感器的应用非常广泛，在公路、铁路、桥梁建筑工程领域，常要进行大型构件的力学检测试验。材料试验机、测力机工作中要对力进行测量。在工业中，物料的精确称重是稳定生产工艺、保证产品质量的重要手段之一。各种配料系统、包装系统、装卸系统等现场用自动衡器称重越来越普遍。机床切削中要测量切削力，机械产品装配中对于关键部位的螺栓组装配预紧力提出了严格的测试需求。生物组织工程中要测量组织材料的力学性能。弹性体是测量力的基本敏感元件，而应变元件则将形变转换成电量，改变弹性体形状设计、应变元件的装配方式，配合传感器安装位置，弹性受力体-电阻应变片原理可以用于测量扭矩、加速度。

固体受到力时会发生一定的形变，不超出弹性形变范围的形变在力撤除后可以恢复，这种形变称为应变。如果受力物体具有一定的导电能力,发生应变时,因长度、截面积改变而导致电阻值改变,电阻值的变化量与应变量有关,而应变量与弹性系数和力的大小有关,于是电阻值变化量与所受力大小有关,这一现象就是电阻应变现象,利用电阻应变现象可以测量力。应变电阻材料有金属和半导体两大类,金属电阻常用镍铜合金(康铜)、镍铬合金、镍铬铝合金(卡玛合金)、铁铬铝合金、铂、铂钨合金等。金属电阻有箔式、丝式和薄膜式。

在弹性良好的片基上制成厚度为 0.003~0.101 mm 的金属电阻箔,就成为如图 3-9 所示的箔式电阻应变片。电阻应变片能承受的力很小,并且难以安装固定,必须贴附在另一受力体上,实用中的力传感器产品用弹性良好的合金钢或铍青铜作受力体,将电阻应变片贴在受力体上,制成"弹性受力体-电阻应变片"式力传感器。被测力 f 作用于受力体时,电阻应变片的电阻值变化量 ΔR_s 与被测力 f 引起的长度变化量 ΔL 和 ΔS 有关,图 3-9 中 b 点电压变化量 Δu_b 可以表示被测力 f。

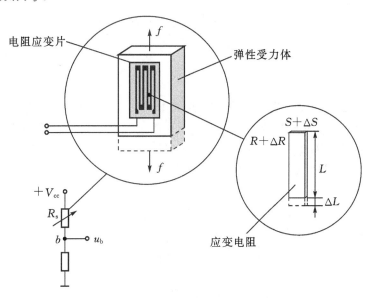

图 3-9　弹性受力体和箔式金属电阻应变片构成的力传感器

还可以用一个电阻应变片 R_s 与另外三个电阻构成电桥,如图 3-10 所示。当被测力为零时,四个电阻选择合适的阻值,可以使电桥处于平衡状态即

$$u_{ab} = u_a - u_b = 0 \qquad (3-17)$$

当传感器受力时,应变电阻 R_s 因受力而发生变化,引起 b 点电位 u_b 变化,电桥失衡。

$$u_{ab} = u_a - u_b \neq 0 \qquad (3-18)$$

u_{ab} 称为差动电压。差动电压 u_{ab} 的变化可以表示被测力 f 的变化。

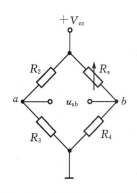

图 3-10　应变电阻构成电桥

XYL-1 型称重传感器如图 3-11 所示,是一种"弹性受力体-电阻应变片"式的力传感器,它用合金钢弹性体制成 S 形,关于几何中心的对称性精度很高,力加载方式可以是拉方式,也可以是压方式。安全过载

能力为 120%,极限过载能力为 150%。

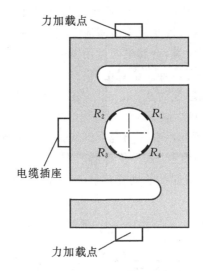

图 3-11 一种 S 形受力体的称重传感器

XYL-1 型称重传感器的电桥的四个桥臂采用了参数相同的电阻应变片,粘贴位置的对称性要求很高,如图 3-12 所示,图中省略了初始调零和温度补偿电路。传感器受力时,对边的两个电阻应变片阻值变化分别相等。根据产品说明书,XYL-1 型称重传感器的工作电压 5~12 V(DC),最大工作电压 15 V(DC),推荐 10 V(DC) 工作电源和电桥输出信号通过电缆插座引出,电缆有屏蔽层。能在 −10~+60 ℃环境下工作。输出电阻为 350±1 Ω,非线性误差为 0.05%。

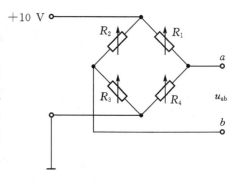

图 3-12 四个桥臂均为应变电阻的直流电桥

该产品系列中一种规格的量程标称值为 200 kg (换算成重力应乘以 9.8 m/s²,单位为 N)。如果加直流 10 V 工作电压,在 0~200 kg 量程内,被测力引起的电桥失衡输出电压 u_{ab} 为0~20 mV,输出电压与重力成正比。请读者写出这个称重传感器的静态特性表达式,被测量的单位为 kg,输出电压的单位为 mV。

3.4.2 温度传感器

在微电子器件制造、化工、核工业、生物、冶炼、农作物栽培、金属零件热处理、材料制备等工业过程中,温度是至关重要的工艺条件,温度监测及控制是工艺条件的重要保证。材料制备及加工中,温度是重要的变量之一。精密机床加工过程中,工件和床身的热稳定性是影响精度的重要因素之一。随着集成度的提高,超大规模集成电路器件和高密集多层印制电路板的温升很严重,散热及热保护变得十分重要。太空舱、潜艇舱内需要温度控制,空调、冰箱、厨具中也广泛应用温度控制。有时不仅要测量一点的温度,还要测量两点间的温度差,甚至测量温度场中多点的温度。本节将介绍两种温度传感器。

1. 半导体集成温度传感器

PN 结伏安特性与热力学温度之间有以下关系

$$i = i_{s}(e^{\frac{qu}{kT}} - 1) \tag{3-19}$$

式 (3-19) 中，i 是 PN 结正向电流，u 是 PN 结正向压降，i_{s} 是反向饱和电流，与温度有关，T 是绝对温度，q 是电子电荷量常数，k 是玻尔兹曼常数。利用这一关系可以制成半导体温度传感器。采用半导体集成电路工艺技术，在芯片上集成了作为感温元件的 PN 结和部分信号调理电路，使得输出信号仅与温度有关。半导体集成温度传感器感温范围宽，线性度好。输出信号有电压型、电流型，也有以信号的频率或时间参数表示温度的；有的型号还集成了模/数转换电路，输出数字信号可直接输入微处理器数据通道；有的型号内部程序甚至能完成一定的温度控制；有的型号则以输出电平的高、低变化发出超温报警信号，这种传感器也称为温度开关。

AD590 是一种半导体集成温度传感器，有两脚扁平、三脚 TO-52 和八脚 SOIC 三种封装。产品说明书给出的图形符号和三脚 TO-52 封装底视图如图 3-13 所示，伏安特性与温度的关系如图 3-14 所示。AD590 系列集成温度传感器的主要静态指标表见 3-1。AD590以电流形式输出信号，根据产品说明书，两端加的工作电压可以为 4～30 V，灵敏度为 1 μA/K，K 是热力学温标的单位，非线性误差为 ±0.3 ℃。在量程 -50～+150 ℃ 范围内，AD590 输出电流为 223～423 μA，忽略非线性误差，请读者写出这种传感器的近似线性静态特性表达式，即输出电流 $i(T)$ 与被测温度 T 的关系式，电流的单位为 A，温度的单位为℃。

AD590 三脚 TO-52 封装底视图　　　　AD590 的图形符号

图 3-13　AD590 集成温度传感器

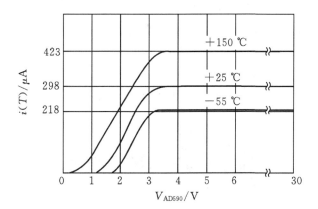

图 3-14　AD590 集成温度传感器的伏安特性

表 3-1 AD590 系列集成温度传感器的主要静态指标

	AD590I	AD590J	AD590K	AD590L	AD590M
非线性误差/℃	±0.3	±1.5	±0.8	±0.4	±0.3
灵敏度/(μA/K)			1.0		
25 ℃输出电流/μA			298.15		
长期温度漂移/(℃/月)			±0.1		
工作电压/V			4~30		

热容和热阻对传感器的动态快速性有重要影响,可以用时间常数表示。如果测量中传热过程是线性的,且 AD590 的热容和热阻都是常数,在阶跃时刻 t_0 之前,热力学系统已达到热平衡,当被测温度从初值 T_{initial} 阶跃变化到终值 T_{final},测到的温度变化近似是

$$T(t) = T_{\text{initial}} + (T_{\text{final}} - T_{\text{initial}})(1 - e^{-\frac{t-t_0}{\tau}}) , \ t \geq t_0 \qquad (3-20)$$

式(3-20)中,τ 是时间常数,单位为 s,$T(t)$ 是测量到的温度读数,T_{initial} 是被测温度的阶跃初值,T_{final} 是被测温度的阶跃终值,温度的单位为 K 或℃,测得的信号波形如图 3-15 所示。

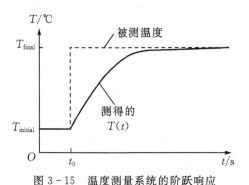

图 3-15 温度测量系统的阶跃响应

2. 半导体热敏电阻

半导体热敏电阻是温度传感器的一种,它体积小、结构简单,利用对温度变化极为敏感的半导体材料制成,其阻值随温度变化而发生极为明显的变化。温度特性是半导体热敏电阻的基本特性,按温度特性,热敏电阻可分为两种,随温度上升电阻值增加的为正温度系数热敏电阻(PTC),反之为负温度系数热敏电阻(NTC)。大多数半导体热敏电阻阻值与温度不是线性的。由于其灵敏度高,被广泛的应用于温度测量、温度控制、温度补偿、过载保护以及时间延长等方面。实物如图 3-16 所示。

图 3-16 半导体热敏电阻

3.4.3　光电码盘式转速传感器

风力发电和风洞都需要测量风速,风速仪实际上是测量转速。轧钢机的多级轧辊、长网造纸机的长网拖动、光导纤维、尼龙绳索等线缆制造中的拉拔机和绞缆机、数控机床的工件或刀具旋转、轮式或履带式行走机器人、智能车、磁盘机、磁带机、警戒雷达、火炮等系统中的主要动力是各种电机或液压马达输出的,都需要控制转速,因而需要测量转速。蒸汽轮机、燃气轮机、内燃机、风机、压缩机等动力机械的控制中也需要对主轴转速进行测量。有些线速度的测控要通过转速测控间接实现。

测量转速的一种实现方案便是遮断式(光栅式)光电测量方案,需要利用光电传感器,即把光信号转换为电信号的器件。光电器件的工作原理是利用光电效应。光照射在某些物质上,使该物质吸收光能后,电子的能量和电特性发生变化,这种现象称为光电效应。光电传感器的种类繁多,有光敏二极管、光敏三极管、红外光电对管、集成式光电传感器等。光电码盘式转速传感器的核心器件是红外光电对管和码盘。

1. 红外光电对管

一定电流的作用能使发光二极管(LED,light emitting diode)导通时发射出红外线不可见光或可见光,光的波长与 LED 的材料有关。光敏三极管是一种光电传感器,与普通三极管不同的是,它具有基极接收一定光照可使集电极和发射极导通的特性。图 3-17 是 LED 和光敏三极管的图形符号。常将红外 LED 和红外光敏三极管成对使用,利用 LED 的光线能否照射到光敏三极管上,来控制光敏三极管的通断。

红外光电对管是由一个红外 LED 和一个红外光敏三极管组成的器件,如图 3-18 所示。采用发出红外线的 LED 是为了消除可见光的干扰,红外光电对管常用于光电开关、光电耦合器、光传感器、光遥控器、光通信等。

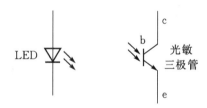

3-17　LED 和光敏三极管图形符号

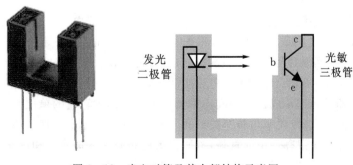

图 3-18　光电对管及其内部结构示意图

MOC70T3 红外光电对管采用图 3-19 所示的一体化封装,发射窗口与入射窗口相对,注意外壳上印的引脚标识。红外 LED 发射红外光,红外光敏三极管只对红外光敏感。红外 LED 发射的红外光束通过两个窗口穿过中槽入射红外光敏三极管的基极。MOC70T3 红外 LED 的正向电压典型值为 1.25 V,电流为 20 mA,红外光敏三极管最小工作电流为 0.25 mA,饱和压降最大为 0.4 V,应据此选用红外 LED 限流电阻值和红外光敏三极管集电极电阻值。

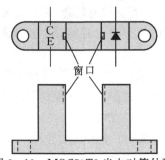

图 3-19 MOC70T3 光电对管外形

图 3-20 是红外光电对管的一种工作电路。红外 LED 电路工作时始终导通,此时正向压降一般为 1.0 V 左右。当红外 LED 和光敏三极管之间光路畅通时,如图 3-20(a)所示,LED 发射的红外光入射红外光敏三极管的基极 b,使红外光敏三极管的集电极 c 和发射极 e 之间导通,u_{ce} 约 0.3 V,$u_o = u_{ce}$;当光路被遮断时,如图 3-20(b)所示,没有红外光入射红外光敏三极管的基极 b 上,使其集电极 c 极和发射极 e 之间截止,u_o 处于高电平,接近 $+V_{cc}$。

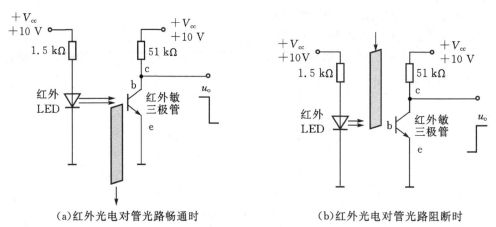

(a)红外光电对管光路畅通时   (b)红外光电对管光路阻断时

图 3-20 红外光电对管的工作电路

2. 光电码盘式转速传感器

码盘圆周被等分、等宽的透光和遮光的条码相间,成为一种光电码盘也叫作光栅。红外光电对管与光电码盘按图 3-21 所示的结构装配,将光电码盘与被测轴同轴安装,条码置于光电对管的两个窗口之间,可组成一种转速传感器。被测轴转动时,码盘的条码交替地透光和遮光,光路交替地畅通和遮断,红外光敏三极管会输出一连串脉冲电压信号。若码盘条码数 m 一定,脉冲电压信号的频率 f 与被测轴的转速 n 成正比。实用中常以 r/min 作为转速的单位。请读者写出这种传感器的静态特性表达式,即频率与转速关系式,频率段单位为 Hz,转速的单位为 r/min。

红外光电对管的光束有一定的直径,当码盘上的条码交替地遮光和透光时,遮光和透光不是瞬间交替的,而是每一次交替都存在一个渐变的过程。因此,光电对管输出信号上升沿和下降沿不陡峭,如果条码数很多,严重时将难以分辨信号的周期。

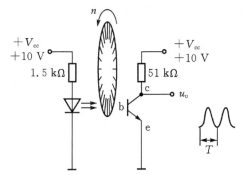

图 3 - 21　码盘-红外光电对管组成的转速传感器

3.4.5　行程开关

行程开关又称为限位开关或者位置开关,应用中,将行程开关安装在预先安排的位置,当运动部件碰撞行程开关时,行程开关的触点动作,实现电路的切换。

如图 3 - 22 所示是家用电冰箱中的行程开关,关上冰箱门时行程开关被门压紧使冰箱灯控制电路断开,冰箱灯熄灭;打开门时行程开关松开,自动闭合电路使灯点亮。

如图 3 - 23 所示是工业系统中的行程开关,用来限制丝杠螺母机构运动的位置或行程,当螺母左右移动到位触碰行程开关时,控制电路作用使螺母自动停止或反向运动。

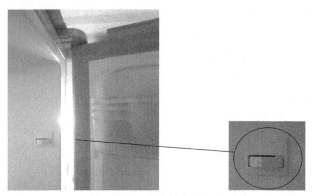

图 3 - 22　电冰箱中的行程开关

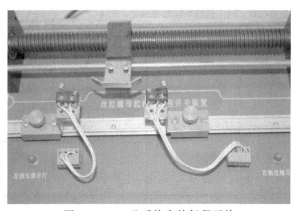

图 3 - 23　工业系统中的行程开关

因此,行程开关是一种根据运动部件的行程位置而切换电路的电器,它的作用原理与按钮类似。行程开关的电气符号如图 3-24 所示。

(a)常开触点 (b)常闭触点 (c)复合触点

图 3-24 行程开关的图形符号

3.4.6 霍尔开关

有一种位移传感器对接近它物件有"感知"能力的元件——位移传感器。这种传感器不需要接触到被检测物体,当有物体移向位移传感器,并接近到一定距离时,位移传感器就会有所"感知",通常把这个距离叫"检出距离"。利用位移传感器对接近物体的敏感特性制作的开关,就是接近开关。不同的传感器检出距离也不同。不同的传感器元件,对检测对象的响应能力是不同的。这种响应特性被称为"响应频率"。

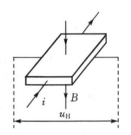

霍尔传感器是一种位移传感器。它是根据霍尔效应制作的一种磁场传感器。霍尔效应是指:在半导体薄片两端加控制电流 i,并在薄片的垂直方向施加磁感应强度为 B 的匀强磁场,则在垂直于电流和磁场的方向上,将产生电势差为 u_H 的霍尔电压,如图 3-25 所示。

图 3-25 霍尔效应

霍尔开关是输出开关量的霍尔传感器。图 3-26 所示的是开关型霍尔传感器在磁盘驱动器中的应用。磁盘驱动器中使用直流无刷电机,直流电源通过换向控制电路向直流无刷电机的定子绕组供电。定子电流产生的电磁转矩使转子转动。为此,必须时刻检测转子的角位置。用三个霍尔器件作转子位置传感器随时检测转子的角位置。

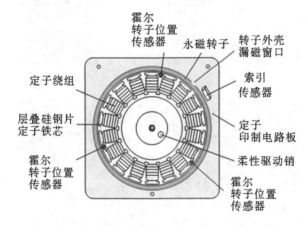

图 3-26 霍尔传感器在软磁盘驱动器直流无刷电机中的应用

为了使转子角位移满 360°时重新从 0°记起,在永磁转子外壳的边缘开了一个漏磁窗口,在转子外壳附近的定子印制板上,安装了一个霍尔器件作为索引传感器。转子每转一周,窗口的漏磁使传感器产生一个索引脉冲。两个索引脉冲之间,转子运动了 360°的角位移。

3.4.7　干簧管

干簧管是一种磁敏的特殊开关,也称干簧继电器、磁簧开关、舌簧开关及磁控管,是一种气密式密封的磁控性机械开关,可以作为磁接近开关、液位传感器、干簧继电器使用。在手机、程控交换机、复印机、洗衣机、电冰箱、照相机、消毒碗柜、门磁、电磁继电器中都得到了很好的应用,电子电路中只要使用自动开关,基本上都可以使用干簧管。干簧管比一般机械开关结构简单、体积小、速度高、工作寿命长;而与电子开关相比,它又有抗负载冲击能力强的特点,工作可靠性很高。干簧管外形如图 3 - 27 所示。

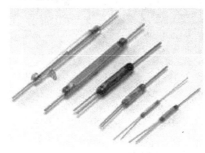

图 3 - 27　干簧管

干簧管通常由两个或三个软磁性材料做成的簧片触点,被封装在充有惰性气体(如氮、氦等)或真空的玻璃管里,玻璃管内平行封装的簧片端部重叠,并留有一定间隙或相互接触以构成开关的常开或常闭触点。如图 3 - 28 所示。

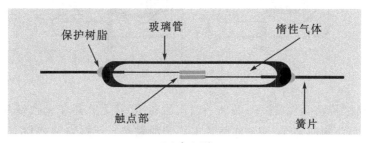

(a)中心型

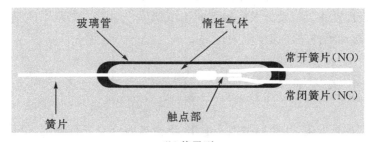

(b)偏置型

图 3 - 28　干簧管的基本构造

当永久磁铁靠近干簧管或绕在干簧管上的线圈通电形成的磁场使簧片磁化,从而簧片的触点部分被磁力吸引。当吸引力大于弹簧的弹力时，接点就会吸合；当磁力减小到一定程度时，接点被弹簧的弹力打开。

🕐 3.4.8 微动开关

使用鼠标时，鼠标左右按键对应两个微动开关。如图 3-29 所示。

图 3-29 鼠标中的微动开关

微动开关是一种施压促动的快速转换开关，因为其开关的触点间距比较小，故名微动开关，又叫灵敏开关。微动开关的基本原理如图 3-30 所示。

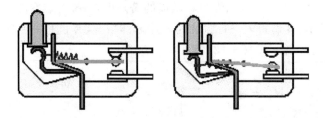

图 3-30 微动开关的基本原理

外机械力通过传动元件（按销、按钮、杠杆、滚轮等）将力作用于动作簧片上，当动作簧片位移到临界点时产生瞬时动作，使动作簧片末端的动触点与定触点快速接通或断开。当传动元件上的作用力移去后，动作簧片产生反向动作力，当传动元件反向行程达到簧片的动作临界点后，瞬时完成反向动作。微动开关的触点间距小、动作行程短、按动力小、通断迅速。其动触点的动作速度与传动元件动作速度无关。

3.5 信号调理电路

信号调理，即信号处理，其作用是把不适用、不恰当的信号进行处理，使以适当的形式、合适的数值范围和功率输出，以符合显示、记录装置或控制装置的输入端的要求。常用的信号调理电路有放大、衰减、隔离、过滤、激励等作用。实现信号调理的除了由电阻、电容、二极管等这些基本元器件之外，还有很大一部分都是由运算放大器作为核心器件实现的。下面将介绍一些信号调理电路。

▶ 3.5.1　基本信号调理电路

本小节主要介绍一些常用的基本信号调理电路,如,分压、分流、RC 滤波、稳压电路。

1. 分压电路

分压电路如图 3-31 所示,R_1 称为分压电阻,分压电路的静态特性表达式为

$$u_o = \frac{R_2}{R_1 + R_2} u_i \qquad (3-21)$$

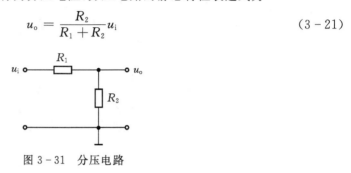

图 3-31　分压电路

2. 分流电路

分流电路如图 3-32 所示,R_1 称为分流电阻,分流电路的静态特性表达式为

$$i_o = \frac{R_1}{R_1 + R_2} i_i \qquad (3-22)$$

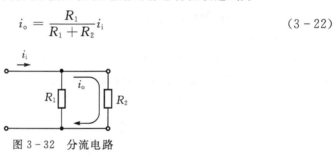

图 3-32　分流电路

3. RC 电路

一个电阻和一个电容的串联构成了 RC 电路,其应用非常广泛,由于电路的形式、信号源和输出的不同,形成了 RC 电路的各种应用形式:如积分电路、微分电路、滤波电路等。图 3-33 是分别以电容电压 u_C 和电阻电压 u_R 作为输出的电路图。

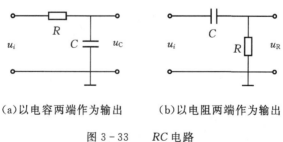

(a)以电容两端作为输出　　(b)以电阻两端作为输出

图 3-33　　RC 电路

(1)积分电路

如图 3-33(a)所示,向 RC 电路输入方波信号,以电容两端的电压作为输出。当输入信号 u_i 为高电平时,直流电压源 E 通过电阻 R 向电容 C 充电,当输入信号 u_i 为低电平时,电容 C 通过电阻 R 放电,波形如图 3-34 所示。记 $\tau = RC$,称为这个 RC 电路的时间常数,单位为秒。

时间常数可表征这个 RC 电路充电放电的快慢。如果时间常数 τ，即 R、C 的取值，远大于方波的半周期，称为 RC 不完全积分电路，简称为 RC 积分电路。请读者推导上述充放电过程，给出输出电压 u_C 与 R、C 的关系式。

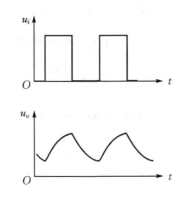

图 3 - 34　　RC 电路输入方波时的波形

（2）微分电路

如图 3 - 33(b)所示，向 RC 电路输入方波信号，以电阻两端的电压作为输出。该电路称为微分电路。请读者推导出输出电压 U_R 与 R、C 的关系式，并画出输入输出波形图。

（3）滤波电路

如图 3 - 33(a)所示，向 RC 电路输入正弦波信号，以电容两端电压作为输出。输入信号 u_i 频率越高，输出信号 u_o 滞后角越大，且幅值越小。因此，称它为滞后电路，也称为一阶低通滤波器。请读者推导出输出电压 u_C 与 R、C 的关系式。用示波器可以观察到图 3 - 35 的波形，Δt 是滞后时间，单位为 s，滞后角 $\Delta\theta$ 由式 3 - 23 计算，单位为 rad。

$$\Delta\theta = 2\pi\frac{\Delta t}{T} \tag{3 - 23}$$

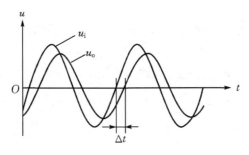

图 3 - 35　　RC 电路输入正弦波时的波形

如图 3 - 33(b)所示，向 RC 电路输入正弦波信号，以电阻两端电压作为输出。该电路为超前滤波，也称为一阶高通滤波器。请读者推导出输出电压 U_R 与 R、C 的关系式，观察输入输出波形并计算相位差。

4. 稳压管限幅电路

稳压管是一种直到临界反向击穿电压前都有很高阻的二极管，具有一般二极管的正向导通、反向截止、击穿特性。只是，稳压管在反向击穿时，在一定电流范围内，端电压几乎不变，表现出稳压特性,因而广泛应用于稳压电源与限幅电路中。图 3 - 36 所示是一种稳压管限幅电路,输入信号电压高于稳压管反向击穿电压时,输出电压就被限幅。理想波形如图 3 - 37 所示。

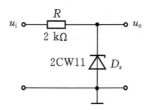

图 3 - 36　稳压管限幅电路

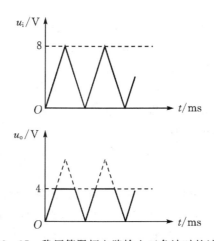

图 3 - 37　稳压管限幅电路输入三角波时的波形

3.5.2　几种由运算放大器构成的典型电路

运算放大器是信号调理常用的一种集成电路器件,图形符号如图 3 - 38 所示。"＋"输入端是同相输入端,"－"输入端是反相输入端,u_o 是输出电压。

输出端空载时,u_o 与 u_P 和 u_N 的关系为

$$u_o = A(u_P - u_N) \qquad (3-24)$$

式(3 - 24)中,A 是运算放大器的开环放大倍数。如果电源电压是 $\pm V_{cc}$,输出电压 u_o 在电源电压范围内,即

$$-V_{cc} < u_o < +V_{cc} \qquad (3-25)$$

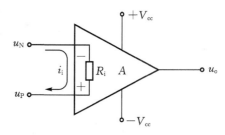

图 3 - 38　运算放大器

一个运算放大器的开环放大倍数是定值,也是产品说明书给出的主要静态性能指标之一,开环放大倍数的常见值为几十万到上百万。假如电源电压 ± 15 V,由式(3 - 24)和式(3 - 25)知,输出电压 u_o 在此范围内,两个输入端之间电压只能是 μV 数量级。图 3 - 38 中 R_i 称为输入电阻,通常是 $M\Omega$ 数量级,由式 3 - 26 可知,流出输入端的电流很小。

$$i_i = \frac{u_P - u_N}{R_i} \qquad (3-26)$$

如果令

$$A \to \infty \qquad (3-27)$$

$$R_i \to \infty \qquad (3-28)$$

就成为理想运算放大器。理想运算放大器有以下性质。

两个输入端之间电压为零,称为"虚通",也称为"虚短路"。

$$u_P - u_N = 0 \qquad (3-29)$$

或

$$u_P = u_N \qquad (3-30)$$

进入或流出两个输入端的电流为零,称为"虚断"。

$$i_i = 0 \qquad (3-31)$$

运算放大器的应用中,不同的外围电路可以构成各种输入输出关系,实现对输入信号的多种运算。各种运算关系式大都基于表示"虚通"的关系式(3-30)和表示"虚断"的关系式(3-31),简要分析电路时,除了应用电路基本定律外,常应用理想运算放大器的性质,很多电路图中也不标识出开环放大倍数 A,如图 3-39 所示。

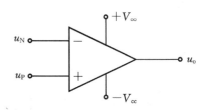

图 3-39 理想运算放大器的图形符号

下面介绍两种常见的运算放大电路集成芯片。

(1) OP07

OP07 芯片是一种低噪声、高性能的双极性运算放大器集成电路,宽电压输入(约≤±22 V),高输入阻抗,有 SOIC 和 PDIP 两种封装,8 脚双列直插式封装引脚见图 3-40,边缘的缺口向左,左下角的圆点是 1 号脚的标识,引脚从左下第一个起逆时针编号。OP07 的 1 号和 8 号脚的作用是连接外部调零电路,5 号脚无任何连接。由于 OP07 具有非常低的输入失调电压,所以很多场合不需要额外的调零措施。

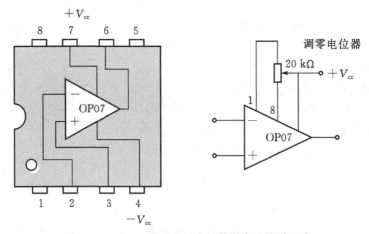

图 3-40 OP07 双列直插式封装引脚及调零电路

(2) LM324

LM324 是四运放集成电路,它的内部包含四组形式完全相同的运算放大器,除电源公用外,四组运放相互独立。LM324 有 PDIP、SOIC 和 TSSOP 等几种封装,14 脚 PDIP(塑料双列直插式)封装引脚见图 3-41,左边缘的缺口是辨认引脚编号的标识,引脚从左下第一个起逆时针编号。可接单电源(3～30 V)使用,也可接双极性电源(±1.5～±15 V)使用。

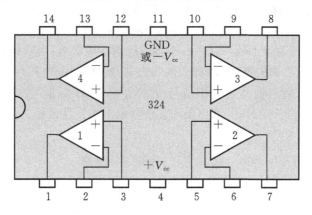

图 3-41　LM324 引脚图

运算放大器用于实际电路,按输入方式分类,有单端输入和双端输入两种输入方式。在单端输入方式下,若信号从同相输入端输入,称为同相输入方式,若信号从反相输入端输入,称为反相输入方式。双端输入方式下,两路输入信号同时分别连接到同相输入端和反相输入端。按输出信号是否返回输入端,分为开环和闭环两种方式。如果在运算放大器的输出端与输入端之间除地线外没有任何连接,就是开环工作方式。若有信号从输出端经过某种电路返回到输入端,就成为闭环工作方式,也称为反馈工作方式,返回的信号称为反馈信号,反馈信号通过的那部分电路称为反馈通道。实际应用中,运算放大器构成的实用电路大都是通过某种反馈电路构成运算关系。

下面介绍几种由运算放大器构成的典型电路。

1. 反相比例器

反相比例器是运算放大器的一种有反馈的单端输入方式的应用。在图 3-42 所示的电路中,引入了反馈电阻 R_2 和输入电阻 R_1,就构成反相比例器图中省略了运算放大器调零电路。电阻 R_3 阻值应等于 R_1 与 R_2 并联的电阻值,R_3 的作用从略。根据理想运算放大器的性质,反相比例器的静态特性见式(3-32)。

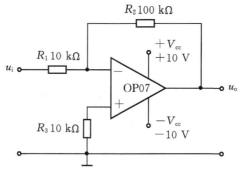

图 3-42　反相比例器

$$u_o = -\frac{R_2}{R_1}u_i \qquad (3-32)$$

如果 $R_2 > R_1$，这个电路成为反相放大器，如果 $R_2 < R_1$，这个电路成为反相衰减器。对于反相放大器，如果输入信号峰-峰值达到一定值，由式(3-32)决定的输出信号 u_o 幅值将超出电源电压范围，但是实际的输出信号 u_o 峰-峰值将被限制在电源电压值，这种现象称为饱和。饱和发生时，输出信号 u_o 出现失真现象，称为饱和失真，实际应用中应避免。由于运算放大器内部电路要产生电压降，所以饱和时输出信号 u_o 的实际峰-峰值并不能充满电源电压的范围。请读者推导静态特性式(3-32)，并画出反相比例器的静态特性曲线。

2. 同相比例器

同相比例器也是有反馈的单端输入方式，如图 3-43 所示。

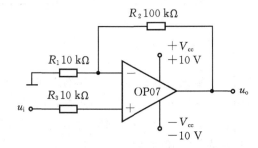

图 3-43 同相比例器

根据理想运算放大器的性质，不难写出反相比例器的静态特性

$$u_o = \left(1 + \frac{R_2}{R_1}\right)u_i \qquad (3-33)$$

请读者推导这个静态特性式(3-33)，并画出同相比例器的静态特性曲线。同相比例器也可能出现饱现象。

3. 电压跟随器

将同相比例器中的 R_1 断开，就成为电压跟随器，如图 3-44 所示。输出电压等于输入电压，因此得名，简称跟随器，常用于隔离负载。电压跟随器的静态特性式如式(3-34)所示。请读者画出电压跟随器的静态特性曲线，请注意观察饱和现象。

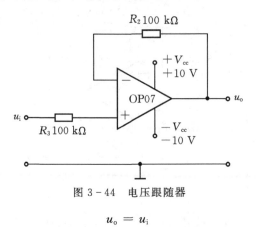

图 3-44 电压跟随器

$$u_o = u_i \qquad (3-34)$$

由于电压跟随器的输入电流很小,所以常用于传感器与信号调理电路之间的缓冲,图 3 - 45 所示的是一种增强型的电压跟随器,如果三极管的功率较大,这种电压跟随器具有较大的电流输出能力,带负载的能力得到增强。

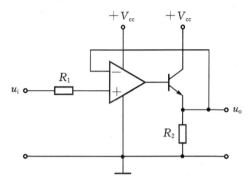

图 3 - 45　一种增强型电压跟随器

4. 差动放大器

如果传感器输出信号是差动电压,信号调理要用差动放大,采用运算放大器的差动放大器如图 3 - 46 所示。运算放大器工作在双端输入、反馈方式。根据理想运算放大器的性质,不难将输出电压表示成输入电压的函数如下

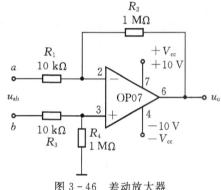

图 3 - 46　差动放大器

$$u_o = \left(1 + \frac{R_2}{R_1}\right)\frac{R_4}{R_3 + R_4}u_b - \frac{R_2}{R_1}u_a \quad (3 - 35)$$

如果取

$$R_3 = R_1, R_4 = R_2 \quad (3 - 36)$$

式(3 - 35)简化为式(3 - 37)

$$u_o = \frac{R_2}{R_1}(u_b - u_a) = \frac{R_2}{R_1}u_{ab} \quad (3 - 37)$$

请读者画出差动放大器的静态特性曲线。

5. 电压比较器/整形电路

如图 3 - 47 所示,运算放大器采用单极性电源,双端输入、开环工作方式,构成电压比较器。V_r 称为比较电平或参考电平,由电阻 R_1 和 R_2 对电源电压分压而得。输入信号电压 u_i 由反相输入端输入,称为反相输入的电压比较器。u_i 与 V_r 进行比较,如果运算放大器是理想的,这个电压比较器的输入输出特性曲线如图 3 - 48 所示。输出电压只能是接近电源电压或接近 0 V,每一次跳变称比较器完成一次翻转。

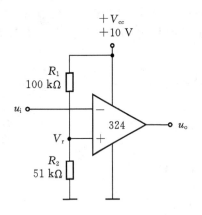

图 3-47 反相输入的电压比较器

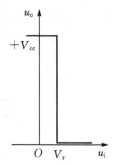

图 3-48 反相输入电压比较器的理想静态特性曲线

如果输入信号电压 u_i 能够上下跨越参考电平 V_r,比较器就能相应地翻转,输出上升沿和下降沿很陡的矩形波,高电平接近 $+V_{cc}$,低电平接近 0 V,但信号周期(频率)保持不变,即保频整形,故电压比较器也成为整形电路。当输入为三角波信号时,输出信号波形如图 3-49 所示。实际的运算放大器并非理想,开环放大倍数是一定值,因此实际的电压比较器静态特性存在滞环,见图 3-50,输出波形见图 3-51。

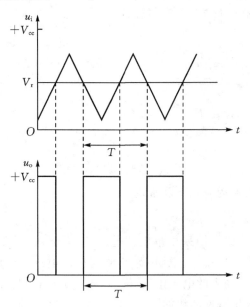

图 3-49 单极性电源反相输入的理想电压比较器的整形电路波形

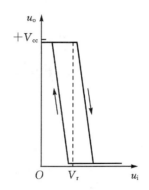

图 3-50　实际有滞环的单极性电源反相输入电压比较器静态特性曲线

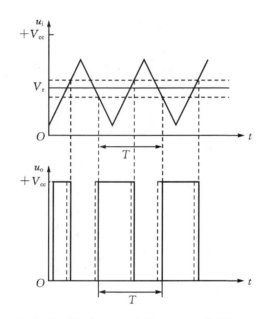

图 3-51　有滞环的单极性电源反相输入电压比较器的整形电路波形

6. 电流/电压转换电路

电流/电压转换电路常记为 I/V 转换电路。电流信号源的图形符号和最简单的 I/V 转换电路如图 3-52 所示，电流信号源与一个电阻 R 串联，电阻 R 两端电压 u_o 就是输出电压，如式(3-38)所列。如果 u_o 还要加以放大，电压放大器的输入电阻与 R 并联，电流 i 被电压放大器的输入电阻分流，造成测量误差。为解决这个问题，需要在放大器前加一级电压跟随器，因为电压跟随器的输入电阻很大。

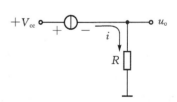

图 3-52　最简单的 I/V 转换电路

$$u_o = iR \tag{3-38}$$

图 3-53 所示的电路也可以将电流信号转换成电压，运算放大器工作在单端输入、反馈方式，图中省略了运算放人器调零电路。根据理想运算放大器的性质，这个电路的静态特性表达

式为式(3-39)。

$$u_o = iR_2 \qquad (3-39)$$

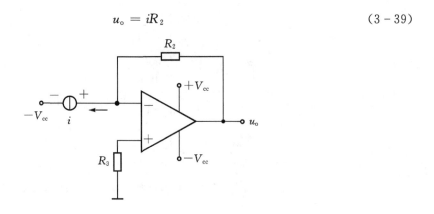

图 3-53 采用运算放大器的 I/V 转换电路

图 3-54 是可调零点的 I/V 转换电路,根据理想运算放大器的性质,这个电路的静态特性表达式为式(3-40),零点由 R_1 调整。

$$u_o = \left(i - \frac{V_{cc}}{R_1}\right)R_2 \qquad (3-40)$$

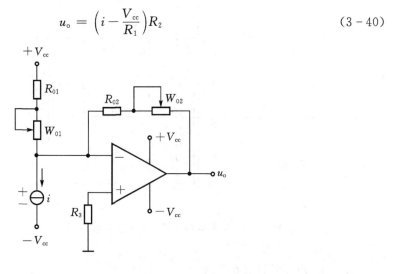

图 3-54 可调零点的 I/V 转换电路

请读者推导式(3-39)和式(3-40)两个静态特性式。

根据式(3-40),确定了量程下限、上限,确定了输出电压下限、上限,选定了电源电压之后,即可计算出 R_1 和 R_2。为便于调试,常采用一个固定电阻和一个可调电阻串联,依式(3-41)计算。这些可调元件的参数调试准确后不允许再变动。

$$R_1 = R_{01} + W_{01} \qquad (3-41a)$$
$$R_2 = R_{02} + W_{02} \qquad (3-41b)$$

7. 频率/电压转换电路

频率/电压转换电路常记为 F/V 转换电路。LM2907 是一种集成 F/V 转换器产品,根据产品说明书,内部框图、引脚编号及典型外围电路如图 3-55 所示,图中 6、7、13、14 号脚无任何连接。第一级是一个电压比较器作信号整形电路,第二级是一个电荷泵,第三级是一个电压跟随器作输出级。被测信号经过稳压管限幅电路后从 11 号脚输入整形电路,在 1 号脚外接电阻设定整形电路的比较电平 V_r。电荷泵输出的电流脉冲保持被测信号的周期,但电流脉冲的幅值、前后沿和脉宽均恒定,每一周期输出一定量的电荷,故得名。电荷泵内部电路的详细介绍超出本书范围。2 号脚接的电容 C_1 是 LM2907 输出电压 u_{ocd} 的一个决定因子(作用从略),称为定时电容。每一周期输出的电荷量为

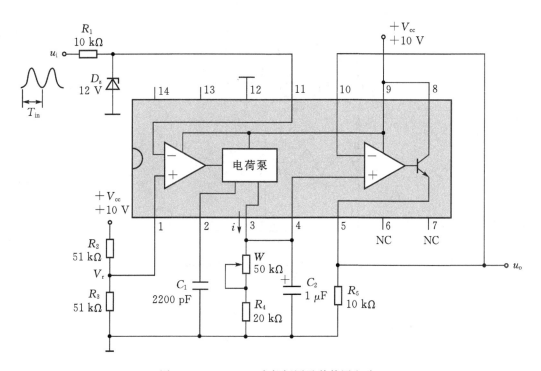

图 3 - 55　LM2907 内部框图及其外围电路

$$q = V_{cc}C_1 \qquad\qquad (3 - 42)$$

每一周期输出电流的平均值为

$$i_{oavg} = \frac{q}{T_{in}} = V_{cc}C_1 f_{in} \qquad\qquad (3 - 43)$$

3 号脚是电荷泵的脉冲电流输出端,在 3 号脚外连接 RC_2 并联电路,将脉冲电流转换成电压 u_o,而后经 4 号脚送入增强型电压跟随器,最后在 5 号脚输出电压信号 u_o,输出驱动能力为 50 mA。u_o 的平均值 u_{oavg} 由式(3 - 44)决定,这正是 F/V 转换器 LM2907 的静态特性表达式(推导从略)。式(3 - 44)的非线性误差率为 $\pm 0.3\%$。

$$u_{oavg} = V_{cc}RC_1 f_{in} \qquad\qquad (3 - 44)$$

式(3 - 44)中,u_{oavg} 是输出电压的平均值,也就是直流分量,单位为 V;f_{in} 是被测信号的频率,单位为 Hz;V_{cc} 是电源电压,单位为 V;R 是 3 号脚接的电阻值,单位为 Ω,电路中实际是一个固定电阻和一个可调电阻串联的阻值,由式(3 - 45)计算;C_1 是 2 号脚接的定时电容值,单位为 μF。这三个参数均按图 3 - 55 中取值。

$$R = R_4 + W \tag{3-45}$$

LM2907 F/V 转换器的波形如图 3 - 56 所示，RC_2 并联电路以周期 T_{in} 充电放电，输出电压信号含有纹波。当输入信号的频率发生阶跃变化时，这个电路的动态响应快速性由时间常数 RC_2 决定，较小的 C_2 有利于加快响应速度，但是输出电压信号的纹波较大，因此 C_2 的取值必须兼顾快速性和纹波较小的要求。

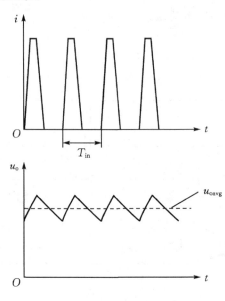

图 3 - 56 LM2907 F/V 转换器的波形

3.6 显示装置

3.6.1 LED 单灯显示

一个指示灯的亮/灭构成单灯显示，可以显示电机启/停、开关通/断、阀门开/闭、物体的有/无、是/否超重、是/否过热、是/否超速。常用发可见光的 LED 作指示灯，常见的面板指示用小功率 LED 也称 LED 灯珠。LED 是由 III-IV 族化合物半导体制成的，如 GaAs（砷化镓）、GaP（磷化镓）、GaAsP（磷砷化镓）等。LED 的核心是 PN 结，因此具有一般 PN 结的正向导通、反向截止、击穿等特性。LED 的发光颜色和发光效率与材料和工艺有关，目前广泛使用的有红、绿、蓝、白等。LED 耐冲击、抗振动，寿命长达 10 万小时，响应时间为 ns 级，可通过调节电压或电流调节亮度。

单个 LED 的文字符号、图形符号和基本电路如图 3 - 57 所示，用作指示灯，输入电压是信号调理电路给出的，譬如电压比较器。面板指示用小功率 LED 正向导通工作电压为 1.1～2 V，正向额定电流约 15 mA。R 称为限流电阻，作用是保证 LED 工作在正确的电流和电压。电阻值计算公式为

$$R = \frac{u_i - V_{LED}}{I_{LED}} \tag{3-46}$$

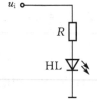

图 3 - 57 LED 基本电路

式(3-46)中,R 是限流电阻,单位为 Ω,u_i 是被显示信号电压,单位为 V,V_{LED} 是 LED 驱动电压,单位为 V,I_{LED} 是 LED 正向电流,单位为 A。

3.6.2　磁电式电压表显示

电压是最常用的信号形式,磁电式电压表是最常用的显示装置之一。磁电式偏转机构如图 3-58 所示。电磁式偏转机构需要足够的转矩,因而需要足够大的电流加以驱动。磁电式电压表的文字符号和图形符号如图 3-59 所示。实际应用中通常需要改绘刻度盘,以便直接读取被测量的名称、数值和单位,有时为扩大量程,还需要串联一定的降压电阻。91C4 型磁电式电压表是一种小型直流电压表,壳内装有降压电阻,量程为 10 V,内阻为 10.2 kΩ,精度等级为 5.0,可用在一般精度要求不高、无振动、无腐蚀性气体,能近距离读数的场合。

图 3-58　磁电式偏转机构　　　　图 3-59　磁电式电压表文字符号和图形符号

3.6.3　3½ 位简易数字电压表显示

为了以数字形式显示被测量值,必须进行模/数转换和译码,已有将这些相关电路制造成集成电路的产品。ICL7106/7107 是一种单片 CMOS 大规模集成电路简易数字电压表芯片,集成了模/数转换器、七段译码器和其他配套电路。因为内部有显示屏驱动电路,ICL7106 可直接驱动四位 LCD 显示,ICL7107 可直接驱动四个小尺寸共阳极七段 LED 数码管显示,但是四位十进制数的最高位只能显示"1"、"−1"或无显示,可显示的最多位数字是 1999 或−1999,称为三位半显示,记为 3½ 位。根据产品说明书,ICL7106/7107 输入电流仅 1 pA,可输入差动电压,可自动显示被测电压极性,能自动将零点偏离稳定在 10 μV 以内,温度变化导致的漂移小于 1 μV/℃,没有小数点驱动功能,功耗小于 15 mW(不包括 LED),工作环境温度 0~70 ℃,有 DIP-40 和 PQFP-44 两种封装,DIP-40 封装还有左式和右式两种。

配上外围电路,ICL7106/7107 就能构成一个直流简易数字电压表,量程为 0~200 mV 的简易数字电压表外围电路如图 3-60 和图 3-61 所示。通过不同的外围电路,不仅可以扩大 ICL7106/7107 的量程,还可以实现其他功能,详见产品说明书。

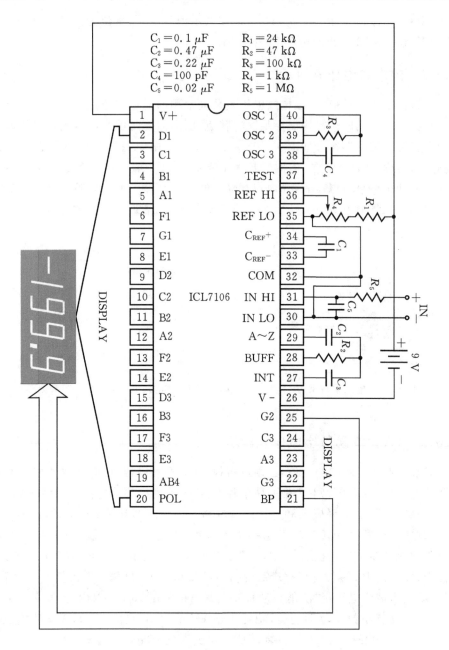

图 3-60 采用 ICL7106 的 200 mV 简易数字电压表外围电路

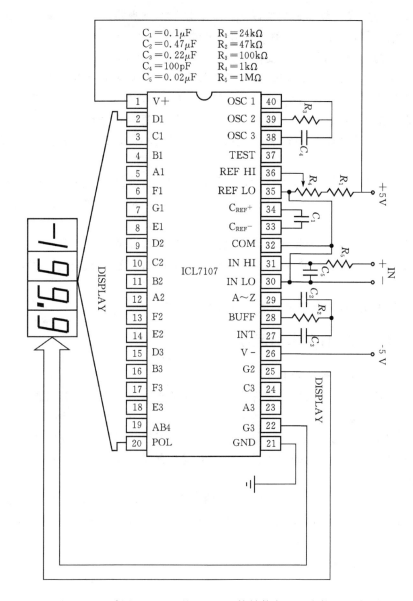

图 3 - 61　采用 ICL7107 的 200 mV 简易数字电压表外围电路

3.7　测量系统的设计

3.7.1　设计步骤

设计是为达到特定的目的而构思或创建系统的结构、组成和技术细节的过程。设计者要创造性地综合应用已有的技术手段,正确地选用元器件和零部件,决定系统的结构功能和物理构成,使系统能够在规定的工作环境中实现指定的功能,达到规定的性能指标。设计工作的成果以设计说明书的形式规范地记载并提交。本章并不涉及测控产品专业制造领域的全套设计工作流程和技术文件,仅介绍普通测量应用领域的原型机初步设计。

一般原型机初步设计工作的主要步骤是:

①明确要求,包括系统工作环境、系统的性能指标要求和系统使用者的其他需求。

②提出设计方案,包括系统结构框图、电路图,确定主要外购元器件或零部件产品的选型,连接器及电缆的选型,装配、封装及面板设计提出外包加工零部件的要求。论证本方案能够满足以上要求,必要时提出多个方案,并论证诸替代方案的利弊,来论证彼此冲突的质保之间的权衡。

③对选定的方案进行详细技术设计,包括框图的细化,给出电路图中元器件或零部件的详细规格和外部特性,进行所有参数值的计算,写出所有环节的输入输出关系,检查这些关系能否正确衔接。

④说明设计方案实施中的技术细节,如装配安装、调试及现场测试中的事项。

⑤设计者实施以上步骤,发现错误或不足之处必须修改设计,重复②～④步骤,直至系统在规定的环境中工作能够达到规定的指标。

⑥编写设计说明书,记载并说明最终方案的各项细节。

3.7.2 初步设计说明书的撰写

1. 初步设计说明书的基本内容

设计说明书是工程中常用技术文件之一。设计说明书描述了系统的组成、工作过程,规定了调试、测试过程,是系统试制及改进的依据。为了便于查阅和修改,即使用于非正式制造目的的原型机的初步设计说明书,也必须用规范的文字、图形、符号、标识规则和表达方式记载设计内容。一个测量系统原型机的初步设计说明书应具有以下基本内容。

(1)标题

一般不多于20字,表达出:关键技术、被测量,必要时也可简明表示出其他特点,例如《基于×××(技术)的××(量)测量系统初步设计说明书》。若被测量源自特殊对象,如生命活体,也应表达在标题中。

(2)工作环境及规格说明

设计任务来源。

使用者的要求,主要包括:

系统工作环境:特殊环境或严苛恶劣环境必须专门写明。

规格说明:重要的静、动态性能指标,如量程、灵敏度、分辨率、精度、上升时间、超调量等。

(3)方案论证

系统框图:用矩形框和箭线表明系统的组成及连接关系,要用简明而具体的词语在矩形框内标明每一功能单元(或环节)的名称,在每一条箭线旁标明信号(或变量)的名称。电源单元可另外单独表示。

诸单元电路图和整体电路图:单元(或环节)之间的信号(或变量)的名称及连接关系与框图一致,元器件位号要统一编排,参数及型号要正确对应。电路较简单的可以不画出单元电路图。

工作过程简述:每一单元都要叙述,说明主要元器件、零部件的外部特性,说明选型理由,必要时简述其内部原理。要说明诸单元的输入输出关系,要说明诸单元之间的信号连接关系,要说明信号波形参数及其意义,有表达式的必须给出表达式的定量说明。诸单元的静态特性表达式必须与整个系统的静态特性表达式无矛盾,诸动态特性表达式或波形也应无矛盾。设计者采取的补偿、矫正、封装、防护、屏蔽等措施应予以说明。选用的电缆及连接器应予以说明。

电源单元的设计:电源单元应符合整个系统的需要。若用电池,应给出型号规格和数量。

(4)参数的计算依据及计算结果

说明关键参数和主要元器件可选参数的计算依据、计算过程及计算结果。必要时给出系统仿真结果。

(5)装配/安装说明

给出印制电路板设计图或设计文件。

说明主要元器件、零部件、连接器的引脚定义、外形尺寸及安装位置。

说明系统构建,包括传感器安装、电路连接、显示装置安装、连接器及电缆安装。

(6)调试说明

调试步骤:说明元器件筛选及单独测试方法,所有可选参数的选择方法,可调参数的调整方法,局部调试步骤,联调步骤,每一步骤要达到的指标。必要时,指出电路图中重要测试点信号波形或波形参数。

误差分析:主要误差的来源、定量分析及降低误差措施。

测试用仪器设备:名称及型号。

测试环境条件要求:通常要与系统工作环境相同,若测试环境与工作环境不同,必须加以说明。

调试及测试中其他需要特别说明的事项,如某项性能指标未能达到的原因。

(7)系统使用说明

• 存放及运输的要求。

• 人身安全的要求。

• 使用中的操作步骤及注意事项。

(8)参考文献

• 直接支持方案论证的文献。

• 主要元器件、零部件的技术资料来源。

• 设计方案中所引用的重要数据的出处。

(9)附录

• 外购元器件、零部件清单:位号、名称、型号规格、参数、数量。

• 定制元器件、零部件清单:位号、名称、型号规格、参数、数量。

• 必要时,附标定报告。

2.设计说明书撰写注意事项

①封面:设计说明书标题、预定型号、设计团队名称、设计人名单、设计团队所属单位名称、设计完成日期。

②框图和电路图一般自左至右、自上至下安排。

③框图、电路图和全文中,指同一个单元(或环节)、信号(或变量)的名称要一致。

④曲线和波形的坐标轴的变量名及单位、分度及分度值应完整准确,曲线和波形上的重要特征应醒目。两条以上曲线或波形共用坐标系的,应明确标识每一条的名称。变量名及单位、分度及分度值应与有关算式和指标相适应。

⑤图形符号和文字符号应遵循国家标准,或有关企业或行业的标准或惯例,指同一事物的图形符号和文字符号在全文中保持一致。

⑥表示变量名和参数名等的基本字母、符号应符合惯例。

⑦算式首次出现时必须紧随其后说明其中所有量的意义,量都必须采用国际单位制,常数必须有数值,变量必须有取值范围,有效数字位数要符合精度要求。

⑧算式、图、表均统一编号,图应有图题,表应有表题。

⑨说明书各项主要内容都要有标题和小标题。

⑩避免大量叙述教科书中的基本原理。

⑪参考文献著录格式应遵照国家标准。

⑫在不至于引起误解的前提下,文字应简洁明了。

⑬避免口语和流行语,避免大众传播媒体宣传和商业广告语言。

3.8 训练内容

3.8.1 基础训练

1. RC 电路

训练内容和步骤:

(1)积分电路

给 RC 电路输入方波信号,观察电容两端的输出信号波形。根据输入和电阻、电容参数的不同,分为以下两种情况:

①不同频率的方波输入同一个 RC 电路。

$R=10 \text{ k}\Omega, C=0.01 \ \mu\text{F}$。

输入 u_i:方波,低电平为 0 V,高电平为 5 V,频率分别取 100 Hz、1000 Hz 和 10 kHz。

在信号调理电路板上 RC 电路部分,按照图 3 - 33(a)所示电路图连接电路,示波器双踪方式观测输入 u_i 和输出 u_o。

每一组输入输出,建立一个坐标系,记录输入和输出波形,共三幅图。

②同一方波信号输入到不同的 RC 电路。

• $R=10 \text{ kW}, C=0.01 \text{ mF}$;

• $R=1 \text{ kW}, C=4.7 \text{ mF}$;

• $R=510 \text{ W}, C=1 \text{ mF}$。

输入 u_i:方波,低电平为 0 V,高电平为 5 V,频率为 500 Hz。在信号调理电路板上,按照图 3 - 33(a)所示电路图连接电路,示波器双踪方式观测输入 u_i 和输出 u_o。

建立一个坐标系,记录输入和三个输出,构成"曲线族"。

总结:时间常数的变化对充放电速率的影响,并分析原因。

（2）微分电路

给 RC 电路输入方波信号，观察电阻两端的输出信号波形。

按照图 3-33(b)所示电路图在信号调理电路板上连接电路，实验步骤和参数同积分电路。示波器双踪观察输入输出波形。

（3）滞后电路

给 RC 电路输入正弦波信号，观察电容两端的输出信号波形。

$R=10\ \mathrm{k\,\Omega}$，$C=0.01\ \mu\mathrm{F}$。

输入 u_i：正弦波，直流电平为 0 V，峰-峰值为 5 V，频率分别取 100 Hz、1000 Hz 和 10 kHz。按照图 3-33(a)所示电路图连接电路，示波器双踪方式观测输入 u_i 和输出 u_o。

请计算每一组输入和输出的相位差，利用时间差与相位差有关系式估算滞后相位角。

总结：输入频率增大，输出信号峰-峰值和滞后相位差分别有什么变化，并分析原因。

（4）超前电路

给 RC 电路输入方波信号，观察电阻两端的输出信号波形。

按照图 3-33(b)所示电路图在信号调理电路板上连接电路，实验步骤和参数同滞后电路。示波器双踪观察输入输出波形。

2．XYL-1 型称重传感器静态特性的测试

训练内容与步骤：

①XYL-1 型称重传感器的输出电缆线有 4 种颜色的插头，如图 3-62 所示。

②按照图 3-63 连接仪器和传感器，直流稳定电源输出单路 10 V 电压，电源端接红色插头，地接蓝色插头，a、b 两端分别接万用表的红、黑表笔。

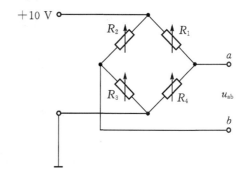

图 3-62 XYL-1 型称重传感器实物图　　图 3-63 XYL-1 型称重传感器内部电路结构图

③给 XYL-1 施加手的握力，同时用数字电压表读取称重传感器电桥输出的差动电压。观察其静态特性。

3．热敏电阻构成的测温电路调试

训练内容与步骤：

按照图 3-64 连接电路，直流稳压电源输出单极性 5 V 电压，按上图在面包板上连接电路，电桥两端分别接万用表的黑红表笔，万用表调到电压档，并使用合适量程。

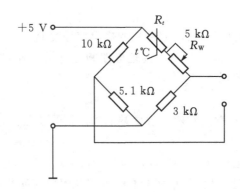

图 3-64　电桥测温电路

①调节电桥平衡：室温下调节电位器，使万用表读数为零。

②搓热掌心或手指，用手给热敏电阻加热，每 5 s 钟记录一个电压值，直至达到读数趋于稳定。

③建立坐标系，时间为横轴，电压值为纵轴，画出散点图，绘制升温动态特性曲线。

④可重复上述步骤，多次测量，求平均值，以减小误差。

4. 光电信号转换的测试

训练内容与步骤：

①按照图 3-20 所示电路图在面包板上搭建电路，直流稳定电源输出单极性 10 V 电压，输出接万用表的红表笔。测量在挡光和透光两种情况下 u_o 的变化，并记录结果。

注意：光电对管应该跨接在面包板上，避免将其短路，如图 3-65 所示。

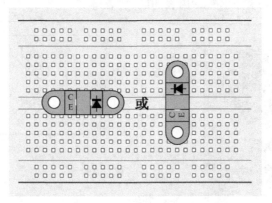

图 3-65　光电对管在面包板上的连接

②保持面包板上搭建的电路不变，输出改接示波器，将转速传感器的码盘置于搭建电路的光电对管空隙之间，摇动手柄，观察示波器输出波形。

5. 反相比例器、同相比例器和电压跟随器的测试

训练内容与步骤：

①确认信号调理训练板的单端输入模块 OP07 的引脚位置是否正确。

②按照图 3-62 的反相比例器，在信号调理训练板的单端输入模块连接电路，输入 u_i：正弦波，频率为 2000 Hz，直流电平为 0 V，峰-峰值分别为 0.4 V、1.8 V 和 2.5 V，同时观测输入和输出波形，记录波形出现饱和时的输入。

③按图 3 - 63 的同相比例器重复以上操作。

④按图 3 - 64 的电压跟随器重复以上操作。

6. 整形电路的测试

训练内容与步骤：

①确认信号调理训练板的整形电路模块中 OP07 的引脚位置是否正确。

②按照图 3 - 66 连接电路，选取 R_1 为 51 kΩ，R_2 为 10 kΩ。输入 u_i：三角波，频率为 1000 Hz，峰-峰值为 2.4 V，直流电平从 0 V 到 3 V 连续调节。

③同时观测输入和输出 u_o 波形，记录直流电平分别为 0 V、1 V 和 3 V 的输入输出波形。并总结波形变化的规律，分析原因。

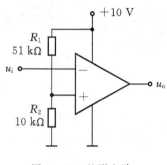

图 3 - 66　整形电路

7. 码盘式转速传感器及保频整形电路的联合测试

训练内容与步骤：

向转速传感器的电路板供 10 V 直流电。将整形前、后的脉冲信号引到示波器的两个通道。摇动手柄，观察整形前、后的波形。

①转速 n 的单位为 r/min，频率 f 的单位为 Hz，条码数为 m，写出码盘式转速传感器输出脉冲频率与转速关系的一般表达式。条码数取为 60 代入，写出换算式。

②根据以上测试，画出保频整形电路的输入输出信号波形，标明重要特征。

8. F/V 转换电路的调试

(1)LM2907 F/V 转换器静态特性的调试

训练内容与步骤：

①如图 3 - 67 所示，在信号调理训练板的左上角，请接入双极性±10 V 电源；选取 C_2 为 1 μF，用蓝色柱状插头导线连接；F/V 接线柱连接信号发生器的信号端；输出 u_o 接万用表红表笔，系统要"共地"。

②电路校准：函数信号发生器输出直流电平为 4 V、峰-峰值为 8 V、频率为 2000 Hz 的方波。用螺丝刀校准 W_1，使输出电压 u_o 为 2 V。

③F/V 转换正程测试：函数信号发生器输出直流电平为 4 V、峰-峰值为 8 V 的方波，调整频率从 0 Hz 到 2 000 Hz 变化，每隔 200 Hz 记录一个电压值，在坐标纸上画出 F/V 转换电路的 f_{in} - u_o 曲线。

④F/V 转换逆程测试：被测信号的波形参数同上，从 2000 Hz 起降低频率，测试频率点与正程的一致，记录数据。

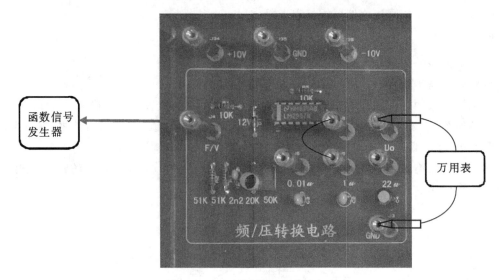

图 3-67 频压转换电路连接方法

（2）电容 C_2 对 LM2907F/V 输出纹波的影响观察

①电容 C_2 为 1 μF，被测信号的波形参数同上，频率为 1000 Hz，观测并记录输出电压的纹波峰–峰值。

②将电容 C_2 换成 0.01 μF 接入电路，重复上述操作。

③将电容 C_2 换成 22 μF 接入电路，重复上述操作。

（3）电容 C_2 对 LM2907F/V 动态特性的影响观察

①电容 C_2 为 1 μF，将被测信号频率从 200 Hz 阶跃改变到 2000 Hz，用示波器观察输出电压上升的快慢。将被测信号频率从 2000 Hz 阶跃改变到 200 Hz，用示波器观察输出电压下降的快慢。

②将电容 C_2 换成 0.01 μF 接入电路，重复上述操作。

③将电容 C_2 换成 22 μF 接入电路，重复上述操作。

（4）请分析并总结

①分析电容 C_2 对纹波的影响。

②分析电容 C_2 对动态响应快速性的影响。

③综合以上两点，说明电容 C_2 取值的原则。

▶ 3.8.2 综合训练

请利用本章上文中介绍的传感器和信号调理电路内容，按照下面的具体要求，设计并实现一个简单的测量系统，完成目标物理量的测量，并撰写系统说明文档。

1. 设计要求

①握力测量系统。要求能够测量 0～200 kg 范围内的握力，有恰当的输出形式和范围，用万用表或示波器显示输出数据。

②温度测量系统。要求能够测量 0～100 ℃的温度范围，有恰当的输出形式和范围，用万用表或示波器显示输出数据。

③转速测量系统。要求有恰当的输出形式和范围,并用万用表或示波器显示输出数据。

2. 系统说明文档要求

说明文档应该能够尽可能详细的描述该系统设计的完成过程。

①系统分析。为什么要进行该物理量的测量,都有哪些方案,分析所选方案的合理性。

②设计实现。传感器的选择,传感器的基本特性描述;信号调理电路的确定,选择原因;给出总的系统框图。

③设计原理描述。系统设计中各部分的电路图,及其元器件参数的确定;系统总的输入输出关系。

④测试数据。给出两到三组测试数据。

⑤误差分析。给出合理的具体的误差分析。

3.9　本章小结

本章简述了测量系统的一般组成和传感器的主要特性;分别介绍了力、温度、转速传感器,还简介了几种开关量传感器及其应用;给出了分压、分流、RC 滤波、限幅、电压放大、衰减、隔离、电流/电压转换、保频整形、频率/电压转换等几种简单的信号调理电路;介绍了单灯、指针和数字三种显示方式最简单的实现办法。受限于篇幅和学时,更由于本书的目的,各元器件内部原理、机制和电路未予详细介绍。

熟知诸环节的外部特性和性能指标是正确设计、构成系统的必备能力。工作环境和性能指标要求是设计一个测量系统的主要依据。正确连接电路、熟练使用仪器是调试好测试系统的基本技能。经过本章学习,读者能够初步设计、组装并调试简单的力、温度、转速测量系统。本章中使用的各种仪器、器材、元件和器件均有可替代的型号,电路中的电源、信号和元器件参数值均不影响原理的一般性,因此通过本章获得的思考方式和实际能力具有广泛的应用前景。

思考题

1. 什么是测量系统的静态特性?

2. 什么是测量系统的动态特性?

3. 测量系统静态特性的主要指标有哪些?

4. 怎样评价测量系统的动态品质?

5. 为什么希望测量系统的静态特性具有良好的线性?

6. 如果用 S 形称重传感器测量拉力,传感器应如何安装?

7. 如果差动放大器输出信号不足以带动磁电式电压表指针偏转,应如何解决?

8. 为了显示重力大小,怎样改造磁电式电压表的表盘?

9. 力测量系统,当受力为零时差动放大器输出电压可能不为零,哪些原因造成这一现象?

10. 造成力测量误差的主要因素有哪些?

11. 温度传感器的时间常数怎样影响温度测量系统的性能?

12. 测试 AD590 温度传感器的动态特性时,用恒温热源对温度传感器加热,实际上是施加了什么样的测试信号？

13. 用恒温热源对温度传感器加热，测温系统的输出电压信号上升需要一定的时间，这是什么原因？

14. 如果放大器输出不足以带动磁电式电压表指针偏转，应如何解决？

15. 为了显示温度，怎样改造磁电式电压表的表盘？

16. 造成温度测量误差的主要因素有哪些？

17. 如果参考电平选为 0 V，且输入信号的直流电平 0 V，应怎样设计反相输入电压比较器电路实现过零比较？

18. LM2907 集成 F/V 转换电路中，稳压管限幅电路的作用是什么？

19. LM2907 集成 F/V 转换电路的电容 C_2 取值有什么原则？

20. 怎样使用 LED 实现超限报警？

21. 怎样扩大磁电式电压表的量程？

22. 数字显示方式的分辨力由什么决定？

第4章　控制系统

在生产和生活中，人们希望被控制对象按照预期的目标进行动作，这就需要设计控制系统。比如，在设计一个温度控制系统时，需要明确几个问题。温度是如何测量的？采用什么器件产生温度变化来达到设定的目标？产生温度变化需要一定的能量，这个能量由哪个装置，以哪种形式提供？控制策略是由哪个部分来完成的？控制技术经过了怎样的发展历程？如何去评价控制系统的好坏？被控对象的温度状态信息的获取已经在第3章测量系统设计中进行了详细的介绍，本章将对控制系统的概念、执行器、驱动器、控制器，以及控制技术进行介绍。

4.1　控制系统的基本概念

系统为为实现规定功能以达到某一目标而构成的相互关联的一个集合体或装置。是两个或两个以上元素按一定结构组成的整体，所有元素或组分间相互依存、相互作用、相互制约，这个整体在一定的环境下具有一定的功能。

系统可分为自然系统和人工系统。自然系统：系统内的个体按自然法则存在或演变，产生或形成一种群体的自然现象与特征。自然系统包括生态平衡系统、生命机体系统、天体系统、社会系统等等。人工系统：系统内的个体根据人为的、预先编排好的规则或计划好的方向运作，以实现或完成系统内各个体不能单独实现的功能、性能与结果。人工系统包括电力系统、计算机系统、飞行控制系统等等。工业系统是人工系统，是由多个元件、器件、机构以及装置构成的一个整体，通过构成元素之间的相关作用，实现相应的功能。控制系统和人体系统很相近，如图4-1所示。人在完成一个物体的抓取动作时，物体的位置就是目标信号，在实现抓取的过程中，眼睛和触觉等感官不断检测手的位置以及抓取用力信息，并将信息传递反馈给大脑，大脑根据偏差发出指令控制手臂手指。在这个过程中，大脑起到控制作用，手臂和手指起到运动执行作用，而眼睛和触觉起到状态信息测量作用。

图4-1　人体控制系统的构成

类似人体系统，典型的控制系统是由控制器、驱动器、执行器以及测量系统组成的，如图4-2所示。例如，在恒温控制系统中，需要温度传感器测量温度，需要电阻丝作为执行器进行温箱加热，需要控制器依据控制策略产生控制信号。

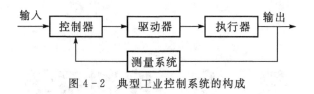

图 4-2 典型工业控制系统的构成

4.1.1 控制与反馈的概念

为了使系统能够按照我们的预期进行动作,需要施加一定的控制,不管是自然系统还是人工系统中,"控制"这个词出现都很频繁,什么是控制呢?控制是指由人或者控制装置使受控对象按照所期望的动作进行的操作。如果控制任务是由人参加完成的,称为人工控制。如人工恒温箱、人工调速系统等等。而所谓自动控制,是指在没有人直接参加的情况下,利用控制装置使被控制的对象(如装备和生产过程)的某个工作状态或参数自动按照预定的规律运行。如计算机控温温箱、数控机床按照预先的工艺程序自动加工、自主导航小车(AGV)等等。

在很多自动控制系统中,都需要进行被控制对象状态信息的反馈。所谓反馈,就是把一个系统的输出状态不断地直接或者经过变换后全部或者部分回到输入端,从而影响系统功能。如果反馈信号与系统的输入作用性质相反,称为负反馈;如果作用性质相同,称为正反馈。在图 4-1 中,物体的位置可以看成是系统的输入,手的位置可以看成系统的输出,输出的状态通过视觉反馈给大脑,作为手臂手指根据反馈信息不断调整,最终不断减小或者消除偏差。由此可看出,这是一个负反馈的系统。反馈控制是自动控制系统基本的控制方式,也是最常用的一种控制方式。

4.1.2 控制系统的构成基本方式

为了更好地分析和设计控制系统,必须对控制方式进行了解。主要有三种控制方式:开环控制、闭环控制和复合控制。

1. 开环控制系统

如果系统的输入和输出之间没有反馈回路,控制器和被控对象之间只有正向的控制作用,输出对控制系统的控制作用没影响,这样系统称为开环控制系统,如图 4-3 所示。

图 4-3 开环控制系统框图

开环控制系统很多,如按照特定的时间、顺序控制的交通灯,按照特定流程洗衣服的家用洗衣机,音乐喷泉以及简易数控机床等等。

图 4-4 所示为人工控制的开环温箱。温箱的温度是被控量,使用者希望温箱温度保持在设定的温度值,而且偏差在允许的范围之内。温度的调节是通过调压器调整施加到加热电阻丝上的电压大小,改变电阻丝加热温箱的功率,从而改变温箱的温度。由于系统的工作状态可能存在变化,如供电电压的波动、环境温度的变化以及待加热物体情况等,都会使系统温度发生偏离,而开环系统无法自动纠正偏差。

系统要保证控温的准确性,通常需要人的参与,这样就构成人工控制系统:观察温度计的

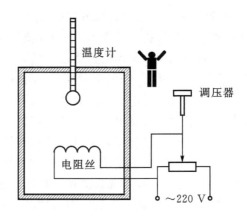

图 4 - 4 温箱开环控制系统

温度,对比实际温度与目标温度的误差,然后手动调节减小误差。

有的系统虽然看起来很复杂,但是从构成方式来看还是开环系统。图 4 - 5 为简易数控机床结构框图。与温箱开环系统一样,该系统只是按照输入加工指令控制电机运动,至于运动的结果,并没有位置检测和反馈环节,所以系统有扰动时,必然会造成加工误差,而系统对于这个误差不能自动纠正,有时候需要人工进行补偿。

图 4 - 5 简易数控机床开环控制系统

2. 闭环控制系统

输出量对控制作用产生影响的系统称为闭环控制系统。系统的输出部分或者全部返回到输入,也称为系统反馈。闭环控制系统基本组成如图 4 - 6 所示。

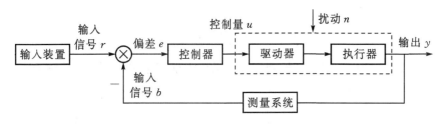

图 4 - 6 闭环控制系统组成

输入装置主要设定输入信号 r,确定被控对象的目标值或称给定值。

测量系统用于测量输出(被控量),如果输出不是电量,需将其转换成电信号(反馈信号 b)。

比较元件通常用"$\otimes$"表示,"$+$"表示正反馈,"$-$"表示负反馈,用于把测量系统获得的反馈信号与输入装置设定的输入信号进行比较,求出偏差 e,$e = r - b$。常用的比较元件有差动放大器、电桥以及机械差动装置等。

扰动信号 n:扰动信号也是系统的一种输入,通常是必然存在的,它的出现对系统会造成不利影响。扰动可以来自于系统外部,也可以产生于内部。在实际系统中,电压电流的波动,环境温度、湿度的变化,以及负载的变化均可对系统造成扰动。

对于电源电压波动、环境温度变化等扰动的影响,开环系统无法自动纠正,往往需要借助于人进行测量、比较和操作。能够自动消除扰动的自动温箱控制系统如图 4－7 所示。系统工作时首先通过电位器设定与相应温度对应的 u_1,温箱实际温度通过热电偶转化成电压信号 u_2,于是得到偏差信号 $\Delta u = u_1 - u_2$,Δu 对应于设定温度与实际温度的偏差。信号再经过差动放大器放大和功率放大器放大后,用于控制电机的转动。偏差信号的极性决定了电机的转动方向,放大之后的电压决定了电机的转动速度。电机带动机械传动装置拖动调压器的调节触头调节施加到加热电阻丝上的工作电压,用来调整电阻丝的加热功率,进而调整温箱温度。当实际温度低于设定温度时,可以通过上述系统提高电阻丝的加热功率,反之减小功率。当 $\Delta u = 0$ 时,即设定温度与实际温度相等时,电机停转。由于系统有反馈环节,所以当系统扰动出现时,能够不断调整来消除偏差。

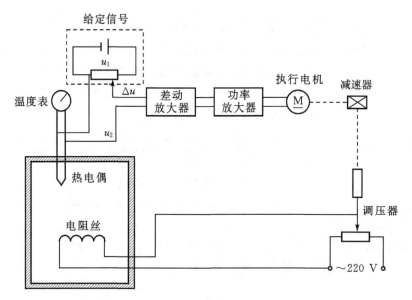

图 4－7　自动控制恒温箱闭环系统

可以按照图 4－6 所示,把自动控制恒温箱画成方框图形式,即如图 4－8 所示,这样系统的闭环结构原理更加简明。

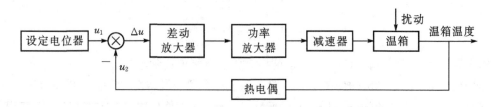

图 4－8　自动控制恒温箱系统方框图

3. 复合控制系统

对某些性能要求较高的复杂控制系统,可以将开环控制和闭环控制结合起来,构成复合控制系统。复合控制是在闭环控制的基础上,增加一个与原输入信号并行的,或者针对扰动信号进行补偿的装置,可以起到超前控制加强,或对扰动信号的补偿增强,从而实现高性能的控制效果。

4. 开环控制和闭环控制的比较

闭环系统增加了反馈,可以把被控量的状态及时传达给控制器,控制器根据实际状态进行控制调整,能够及时消除外部和内部扰动的影响,提高系统的性能。从系统结构上看,闭环系统从设计、元器件构成,到搭建和调试都比开环系统复杂,所需成本也更提高。开环的优点是结构简单,安装和调试方便,系统的成本也低。当能够预见到系统扰动,并能够进行一定程度上的消除时,可以采用开环控制。

4.1.3　控制系统的其他分类方法

控制系统除了根据系统的构成方式进行分类外,还可以按照输入信号的特征、系统传递信号的性质以及构成系统的元件特征进行分类。

1. 按输入信号的特征分类

(1)恒值控制系统

恒值控制系统的输入量(目标)在某一特定时间段是恒值,要求系统在各种扰动存在的情况下,系统的输出(被控量)能够保持恒定,系统的主要任务是克服各种扰动对系统的影响。恒值控制系统在工业系统中很多,如前面的自动温箱以及恒速、恒压、恒定液位、恒定流量控制等。

(2)随动控制系统

随动系统又称伺服系统,其输入量是事先未知且随机时间变化的,要求控制系统的输出能够跟随输入量的变化。系统的主要任务是保证输出量在跟随输入量过程中保证一定的精度和跟随速度。武器系统中的空对空导弹、地对舰导弹、视觉跟踪系统以及函数记录仪等都是随动系统。

(3)程序控制系统

程序控制系统的输入是已知的时间函数,系统按照预定的程序运行。程序控制系统在特定的生产过程中应用很多。例如自动控温热处理炉具有一定的升温时间、保温时间、降温时间,系统温度要求按照预先设定好的温度曲线变化。数控机床按照预先编制好的加工代码进行加工等。

2. 按系统传递信号的性质分类

(1)连续系统

连续系统中各个元件中传递的信号都是时间的连续函数,即传递的信号为模拟信号。工业系统中有很多连续系统,如一些液压伺服系统、自动控制恒温箱闭环系统等。

(2)离散系统

如果一个系统中只要有一处或者几处的信号是脉冲信号或者数字编码,那么这个系统就成为离散系统。通常离散系统中的信号成分比较复杂,这个系统中通常包含模拟信号、离散信号以及数字信号等。在实际的物理系统中,信息表现形式为离散信号的并不多,通常为了控制的需要,将连续信号离散化,这个过程称为采样。如果一个系统中采用单片机或计算机等作为控制器,通常系统为离散控制系统,如单片机温控系统、数控机床控制系统等。

3. 按照系统的元件特征分类

(1) 线性系统

系统的组成元件均具有线性特征,输入输出关系都可以用线性微分方程描述。如果微分方程的系数是不随时间而变化的常数,则称为线性定常系统;如果微分方程中的系数是时间的函数,则称为线性时变系统。线性系统理论比较成熟,特别是线性定常系统。所以当系统参数变化不大,通常在分析和设计时,视为定常系统处理。

(2) 非线性系统

组成系统的元件中,有一个或者多个元件是非线性特征元件,通常用非线性微分方程描述,非线性系统不能应用叠加原理。工业系统中绝大部分系统严格来讲都是非线性系统,但是在一定条件下为了方便设计和分析,可以近似当作线性系统来处理。

4.1.4 对控制系统的基本要求

控制系统工作场合不同,对于性能的要求也不尽相同。控制的目标是一致的,即使被控量按照要求变化。通常,对控制系统的基本要求可以归纳为准确性、快速性和稳定性。

1. 稳定性

稳定性是保证系统正常工作的必要条件。稳定性是指系统在平衡状态下,受到输入量或者扰动作用后,系统输出重新恢复平衡状态的能力。如果系统在偏离稳定状态后,随着时间的变化能够重新以一定精度收敛于期望值,则系统是稳定的。反之,如果系统输出呈持续震荡或者发散震荡状态,不能重新回到平衡状态,则系统是不稳定的。所以稳定性是系统完成控制任务的首要条件,不稳定的系统会系统失控,甚至造成严重事故。

2. 快速性

快速性是控制系统对输入响应的快慢,即从一个状态过渡到另外一个状态的时间。当系统的输出量与给定的输入量(期望值)之间存在偏差时,消除偏差的快慢程度。通常将过渡过程的快速性和稳定性作为控制系统动态性能的评价指标。

3. 准确性

准确性是指稳定的控制系统在过渡过程结束后的稳态下,系统实际输出与期望值之间的稳态差值。稳态误差是衡量控制系统品质的一个重要指标,稳态误差越小,系统输出精度越高。在恒值控制系统中,希望设计的控制系统能够在扰动的作用下,系统准确保持在期望值,而对于随动控制系统,要求系统输出与输入保持同步。

系统的准确性体现出系统的稳态性能,而稳定性和快速性反映了系统的动态性能。控制系统的稳定性、快速性和准确性通常相互矛盾,比如提高系统的快速性,系统的稳定性可能就会变差;改善系统的准确性,系统有可能变得迟缓。通常在改善控制系统性能时,首先要保证系统的稳定性,然后提升系统的快速性和准确性。还要根据受控对象的不同,对"稳、快、准"进行兼顾。比如在恒值控制系统中,通常对系统的稳定性和准确性要求严格,随动控制系统对快速性要求较高。

4.2 控制系统的硬件构成

由本章前面的分析可以看出,一个典型闭环控制系统是由控制器、驱动器、执行器以及测量反馈系统构成。所以要设计一个控制系统,必须对这几个部分进行分析、选型与设计,测量系统的设计已经在本书第 3 章进行了详细介绍,接下来将对常用的控制器、驱动器和执行器进行简要介绍。

4.2.1 控制器

控制系统无论按照哪种方式构成,其目的是使被控量按照预期进行动作,这就需要施加一定的控制,而控制必须遵循一定的规则,通常称为控制规律或者控制策略。控制规律通常在控制器中实现。控制器的种类很多,可以是机械结构,如图 4-9 所示,家用抽水马桶控制系统就是采用机械结构作为水位的控制器。控制器也可以采用电气系统,如图 4-7 中系统测量部分和温度控制部分信息都是采用模拟电信号。在计算机产生之前,一般的控制系统中控制规律是由硬件电路实现的,控制规律越复杂所需要的模拟电路往往越多,如果要改变控制规律,一般必须更改硬件电路,这就造成了很多不便。随着计算机技术的产生和发展,越来越多的控制器采用的是数字计算机,计算机控制系统中控制规律是由软件实现的,计算机执行预定的控制程序,就能实现对被控参数的控制,需要改变控制规律时,一般不对硬件电路做改动,只要改变控制程序就可以了,所以采用计算机作为控制器非常灵活,同时可以实现比较复杂的控制算法,如改进 PID 控制、模糊控制、最优控制、自适应控制等等。在工业系统中,常用如图 4-10 所示原理对液位进行精确控制,这里用到的控制器是计算机。

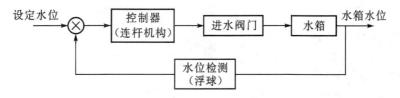

图 4-9 机械抽水马桶控制系统

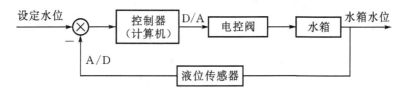

图 4-10 计算机液位控制系统

利用计算机快速强大的数值计算、逻辑判断等信息加工能力,计算机控制系统可以实现比常规控制更复杂、更全面的控制。被控对象的多样性决定了不能采用单一类型的控制计算机来组成计算机控制系统。而是要根据被控对象的特性、控制的要求来选择合适的控制计算机。下面将简要介绍几种常用的控制计算机。

1. 微型计算机系统

微型计算机简称"微机",是由大规模集成电路组成的、体积较小的计算机。它是以微处理器为基础,配以内存储器及输入输出(I/O)接口电路和相应的辅助电路而构成。特点是体积小、灵活性大、价格便宜、使用方便。由微型计算机配以相应的专用电路、电源、面板、机架以及外围设备(如打印机、数据采集卡等),再配上软件就构成了微型计算机系统(microcomputer system),这也是我们常说的 PC(personal computer)机或者电脑,如图 4 – 11 所示。自 1981 年美国 IBM 公司推出第一代微型计算机 IBM – PC 以来,技术不断更新、产品快速换代,从单纯的计算工具发展成为能够处理数字、符号、文字、语言、图形、图像、音频、视频等多种信息的强大多媒体工具。

由于微型计算机的许多优点,它也被广泛应用于工业控制系统中,并演化出来工业用微型计算机,简称工控机(IPC)。工控机与普通 PC 机构成相近,为了适应工业现场较恶劣的环境,在提高可靠性方面做了许多特殊设计,可以适应工业现场各种温度、湿度、振动、电压波动、灰尘、腐蚀等工作环境。

工控机机箱采用 2 mm 厚钢板全钢结构密封标准机箱,增强了抗电磁干扰能力和机械强度。推拉式箱盖便于维修和插拔采集卡,采集卡的压条可以防止板卡在机箱内抖动,增加了系统抗冲击性能,同时硬盘等构件都安装了减振橡胶垫,减小了振动对系统的损害,从而可以应用在一些有一定振动的工作环境中。

从底板结构可以看出,系统采用底板＋CPU 结构,底板上提供了黑色的 ISA 总线和白色的 PCI 总线插槽,可以插入多个板卡。为了解决多板卡长时间工作的散热问题,在图 4 – 12 面板左前方安装了大功率吸风风扇,同时安装过滤网减少灰尘进入。

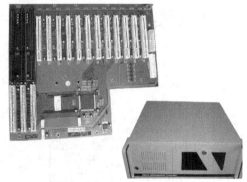

图 4 – 11　普通 PC 机　　　　　图 4 – 12　工控机及内部底板照片

2. 嵌入式系统

根据电气和电子工程师协会(IEEE)的定义,嵌入式系统是"控制、监视或者辅助装置、机器和设备运行的装置"。嵌入式系统是一种以应用为中心、以微处理器为基础,软硬件可裁剪的,适应应用系统对功能、可靠性、成本、体积、功耗等综合性严格要求的专用计算机系统。

嵌入式系统种类多,应用广泛。我们可以在日常生活电器和工业系统中见到大量采用嵌入式系统作为控制器的系统,如手机、汽车、洗衣机、多媒体播放器、微波炉、数码相机、电冰箱、空调以及数控机床,恒温箱等工业系统与医疗仪器等。

　　嵌入式系统一般由嵌入式微处理器、外围硬件设备、嵌入式操作系统以及用户的应用程序等四个部分组成。它的核心部件是嵌入式处理器,分成四类,即嵌入式微控制器(micro controller unit,MCU)、嵌入式微处理器(micro processor unit,MPU)、嵌入式 DSP 处理器(digital signal processor,DSP) 和嵌入式片上系统(system on chip,SoC)

　　(1)嵌入式微控制器(MCU)

　　单片机一种典型的嵌入式微控制器,它性能可靠、体积小、功耗低、价格低,所以应用十分广泛。虽然单片机从诞生到现在已经近 40 年,但仍是目前嵌入式工业控制系统的主流。单片机芯片内部集成 ROM/EPROM、RAM、I/O、定时/计数器以及看门狗、串行口、A/D 转换器、D/A 转换器等各种功能和外设,以便于适合不同应用场合。单片机 89C51 以及单片机构成的系统分别如图 4-13 和图 4-14 所示。

　　单片机产品很多,典型的如 Intel 公司的 MCS-51 系列、TI 公司的 MSP430 系列、Motorola公司的 M68 系列以及 Atmel 公司 AVR 系列单片机。

图 4-13　单片机 89C51

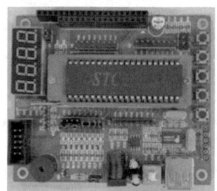

图 4-14　单片机构成的系统

　　(2)嵌入式微处理器(MPU)

　　嵌入式微处理器是由通用计算机中的 CPU 演变而来的。但与计算机处理器不同的是,在实际嵌入式应用中,只保留和嵌入式应用紧密相关的功能硬件,去除其他的冗余功能部分,这样就以最低的功耗和资源实现嵌入式应用的特殊要求。它的特征是具有 32 位以上的处理器,具有较高的性能,当然其价格也相应较高。嵌入式微处理器具有体积小、重量轻、成本低、可靠性高的优点,可用于工业控制、消费类电子产品、通信系统、网络系统、无线系统等各类产品市场。MPU 使用和开发方便,可以使用 Linix、Wince 以及 Android 等操作系统。

　　常见的嵌入式微处理器有 Am186/88、386EX、SC-400 以及 ARM 系列等,其中基于 ARM 技术的微处理器约占据了 32 位微处理器大部分市场份额。ARM 芯片以及 ARM 芯片构成的开发系统分别如图 4-15 和图 4-16 所示。

　　　图 4 - 15　ARM 芯片　　　　　　　　图 4 - 16　ARM 构成的系统

（3）数字信号处理器（DSP）

　　DSP 处理器是专门用于信号处理方面的处理器，具有强大数据处理能力和高运行速度。在数字滤波、超声设备、频谱分析等各种仪器上以及语音处理、图像处理、机器人视觉等领域得到了广泛的应用。目前最为广泛应用的有 TI 的 TMS320 系列以及 Intel 的 MCS - 296 等。

　　（4）嵌入式片上系统（SoC）

　　嵌入式片上系统是根据不同的客户要求定制的芯片，是将系统的关键的部件集成到一个芯片上。SoC 是一个微小型系统，最大的特点是成功实现了软硬件无缝结合，直接在处理器片内嵌入操作系统的代码模块。

3. 可编程控制器（PLC）

　　可编程序控制器是针对传统的继电器控制设备所存在的缺点而研制的新一代控制器。进入 20 世纪 80 年代后，又出现了采用 16 位和少数 32 位微处理器构成的 PLC，使得可编程序控制器在功能上有了很大的提高，不再局限于逻辑运算，增加了数值运算和模拟输入与输出，能够实现 PID、前馈补偿控制等闭环控制功能，并且能与上位机构成复杂控制系统。

　　PLC 包含 CPU、存储器、输入/输出通道、定时器、计数器、辅助继电器和电源等部分。基本单元的工作由 CPU 控制，现场输入信号通过输入通道进入 PLC，输出信号由输出通道送至执行机构。系统扩展容易，系统可以扩展几十个输入和输出。并且输入有隔离功能，输出有继电器输出、晶体管输出和晶闸管输出三种，具有一定的驱动负载能力。两款不同的 PLC 如图4 - 17 所示。

　　PLC 使用方便，编程简单，采用简明的梯形图、逻辑图或语句表等编程语言，而无需计算机知识，因此系统开发周期短，现场调试容易。能适应各种恶劣的运行环境，抗干扰能力、可靠性高于其他控制器。

　　鉴于 PLC 的众多优点，因此它在工业系统中应用十分广泛。在红绿灯系统、包装生产线、装配流水线等逻辑和开关量顺序控制非常常见；在流量、温度、速度、压力等模拟量采集和过程控制中应用以及电梯、机床、机器人等运动控制中都有广泛的应用。

图 4-17 两款 PLC 照片

4.2.2 控制系统的驱动器与执行器

执行器是自动化技术工具中接收控制信息并对受控对象施加控制作用的装置,执行器的作用是使系统完成预期的动作,达到或维持设定的状态。执行器或者执行元件在工作时,往往需要驱动器或者驱动元件提供动力,驱动器有时也称为原动机、动力装置。驱动器的作用是以适当的形式和足够的功率为执行器提供能量。驱动器与执行器没有严格的划分界限,比如在转速控制系统中,通常将电机的驱动电源模块叫做驱动器,将电机作为执行器;而在机床刀座位置控制中,可能会将电机与其驱动电源模块部分都作为驱动器,而将转动转换为直线运动的螺旋机构作为执行器。执行器按所用驱动能源分为气动、电动和液压执行器三种。

在控制系统中,有时候需要改变原动机的运动形式,比如将转动转换成水平运动,或者改变运动方向、速度、力、力矩等。再或者将运动和力在一定空间范围内进行传输,而有时候需要将力进行放大。这都可能用到机构。机构两个或两个以上构件通过活动连接形成的构件系统,能够实现运动和力的传递与转换。

1.电气驱动与执行元件

电动机是一种旋转式电动机器,也是最常用的电气驱动与执行元件。它利用电磁感应原理,将电能转变为机械能。电动机按照供电形式可以分为直流电机和交流电机,按照运动形式可以分为旋转电动机和直线电动机。

电动机的使用和控制非常方便,可以方便地控制气动、加速、正反转、制动等能力,能满足各种运行要求;电动机的工作效率较高,具有无气味、不污染环境、噪声小等一系列优点。所以在国防、商业及家用电器、医疗电器设备等各领域都有广泛应用。

（1）直流电动机

直流电机由两个主要部分构成:静止不动的部分称为定子,转动部分称为转子。定子包含主磁极、换向磁极、电刷装置、机座和接线盒。转子包含转子铁芯、转子绕组以及换向器。

如图 4-18 所示,直流电机采用直流供电,工作时,电刷接上直流电源,通过换向器将直流电流引入转子。线圈电流方向为 $a \rightarrow b \rightarrow c \rightarrow d$,由左手定则可知此线圈将受到逆时针方向的转矩作用,当转矩大于轴上的负载转矩时,转子就会向逆时针方向旋转。当旋转到一定角度后,

ab 边到了 S 极,而 cd 边到了 N 级,换向电刷与换向片相对接触位置发生了变化,这时候电流方向为 $d \rightarrow c \rightarrow b \rightarrow a$,根据左手定则知,线圈仍受到逆时针方向转矩作用。

直流电机广泛应用于各种便携式的电子设备或器具中,如录音机、CD 机以及各种电动玩具。图 4-19 所示为直流电动机带动的升降台模型。虽然直流电动机成本较高,稳定性较差,但在一些受工作环境和使用条件限制的特定领域,采用电池供电的直流电动机依然前景广阔。

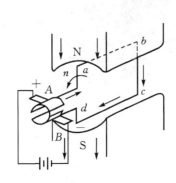

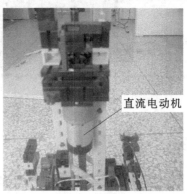

图 4-18　直流电动机工作原理图　　　　图 4-19　直流电动机控制的升降台

(2)交流异步电动机

交流异步电动机电源直接来自于电网,三相交流异步电机也是由转子和定子两部分构成,如图 4-20 所示。定子里面均匀安放三相绕组,当绕组接通三相交流电时,将产生旋转磁场,转子在磁场作用下,产生与转动磁场方向一致的转动。

交流异步电机使用方便、经济性好。由于价格低、结构简单、运行可靠、使用维护方便而得到广泛应用。交流异步电动机广泛应用于电吹风、洗衣机、空调、电风扇、冲击钻等家用电器与工具中,并且随着交流调速技术的发展,交流异步电动机将有更广泛的应用。如图 4-21 所示为采用单向交流异步电动机驱动的小型钻床。

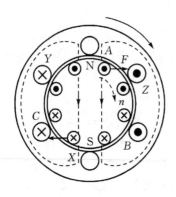

图 4-20　三相交流异步电动机原理　　　　4-21　交流异步电动机驱动的钻床

(3)特殊电机

特殊电机是在普通旋转电机基础上发展出来的应用于特定场合的小功率旋转电机,它可以用作执行元件也可以作为检测元件,特殊电机与一般旋转电机无原理上的差别,特性也大致相同,但应用背景和侧重点不同,一般旋转电机侧重于启动、运行状态时输出机械转矩等性能,而特殊电机除了功率小、尺寸小之外,侧重于精度与响应速度。信号检测电机主要有测速发电机、感应同步器、旋转变压器等。执行电机主要有步进电动机、交流伺服电动机、直流伺服电动机、力矩电动机等。

步进电动机采用脉冲控制方式,当步进电动机驱动器接收到一个脉冲信号,它就驱动步进电动机按设定的方向转动一个固定的角度,称为"步距角",而电动机的旋转就是由一系列固定角度的转动构成。当负载在一定范围内时,电动机的运行不受温度、振动、电压波动等影响。

步进电动机采用脉冲直接控制,没有反馈,系统成本低。系统能够保证一定的位置和速度控制精度,稳定可靠。电机的启动、制动、高低速、正反转控制方便,停止时有自锁功能。但是它也有一些缺点,比如系统带负载能力较差,高速性能不理想,在负载较大时,容易产生失步现象,而且系统没有反馈环节,对失步没有补偿功能。步进电动机在复印机、监控设备、医疗机械、机床中应用十分广泛。如图 4-22 所示为一种步进电动机,而驱动电动机往往需要将控制信号进行放大和转化,从而产生驱动电动机转动能量的驱动器,驱动器如图 4-23 所示。

图 4-22　步进电动机

图 4-23　步进电动机驱动器

相对于步进电机的开环工作方式,伺服电动机有编码器,能够将转动的角度传递给驱动器,驱动机根据实际角度与目标角度的偏差进行调整,是典型的闭环系统。所以伺服电动机能够精确控制速度、位置以及转矩,电机高速性能好、过载能力强,运行稳定可靠,但价格相对较高,广泛应用于数控机床、机器人、机械手、印刷包装设备、激光加工生产线等对精度、可靠性以及效率要求较高的场合。伺服电动机品牌很多,如国外的松下、西门子、Parker、三菱,国内的和利时、华中、台达等。图 4-24 所示为一种伺服电动机以及驱动器。

图 4-24　伺服电动机与驱动器

2. 气动驱动与执行元件

气动传动是采用压缩空气作为驱动力，系统的工作

原理是：先采用原动机进行空气压缩，再利用管路，控制元件将压缩空气送至气动执行元件，从而获得机械能。气动传动有许多优点：利用空气作为动力，空气获取方便，而且空气在管路中传输容易，对环境没有污染；压缩空气可以在气罐中存储，使用方便，没有爆炸和着火危险；元件结构简单，维护方便，使用安全。缺点是：空气可以压缩，所以系统是非线性的，精确控制难度较大；输出力较小，负载能力较差。

随着技术的发展，气动的优点得以发挥，缺点得到了克服，气动技术越来越多地应用于工业系统中。在自动化生产线中，可以采用气动装置进行物料传送，零件分拣、反转、安装、定位、加紧。气动扳手、气动冲击钻、气动门等都有广泛应用。除此之外，气动技术还在磨削、车削、钻削加工中有一定的应用。气动生产线模型如图 4-25 所示。

图 4-25　气动生产线模型

气动系统一般由气源、辅助元件、控制元件与执行元件构成。气源一般由空气压缩机、冷却器、油水分类器以及贮存压缩空气的储气罐构成。辅助元件主要由过滤器（过滤油污、水分与灰尘作用）、油雾器（润滑部件作用）、消声器以及管路构成。控制元件主要用来控制系统的运动，如压力阀可以控制管路的压力，流量阀控制速度，方向阀用来控制运动方向。而执行元件是将压缩空气的压力转换为机械能，驱动机构完成直线、摆动、旋转等运动，主要有气缸和气动马达。

（1）空气压缩机

空气压缩机（空压机）可分为容积式空压机和速度式空压机，容积式空压机的工作原理是使单位体积内空气分子的密度增加以提高压缩空气的压力，速度式空压机的工作原理是提高气体分子的运动速度以此增加气体的动能，然后将气体分子的动能转化为压力能以提高压缩空气的压力。容积式空压机主要有往复运动的活塞式和膜片式，以及回转运动的滑片式等。图 4-26 所示为活塞式空气压缩机工作原理图，当曲柄滑块机构带动活塞向右移动时，气缸压力降低，吸气阀打开吸气；当活塞向左移动时，气缸内气体压缩，气压增大，吸气阀关闭，而排气阀打开，这样高压空气将从压气口进入储气罐。

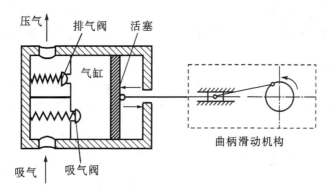

图 4 - 26　活塞式空气压缩机工作原理图

（2）执行元件

气动执行元件主要有气动马达与气缸。气动马达是将压缩空气的能量转换成回转运动的执行元件，气动马达按照原理分为叶片式、齿轮式和活塞式。与电动机相比，气动马达可以适应恶劣的工作环境，在高温、振动、潮湿和易燃的条件下均能正常工作，并有过载保护功能。

气缸是气动控制中使用最多的一种执行元件，它将压缩空气的能量转换为直线往复运动，在不同工作场合下，其结构、形状和功能不尽相同。

图 4 - 27 所示为活塞杆单作用气缸结构图，在处置状态下，气缸左侧的弹簧将活塞杆推至右端，当进气口有压缩空气进入后，将克服弹簧的弹力，将活塞向左推动，左缸体内的空气通过排气孔流出，从而带动活塞杆向左运动。活塞杆单作用气缸实物如图 4 - 28 所示。

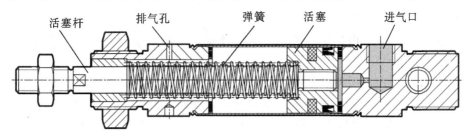

图 4 - 27　活塞杆单作用气缸结构图

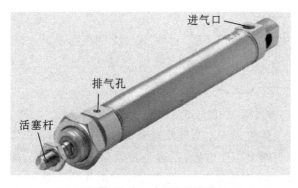

图 4 - 28　活塞杆单作用气缸实物图

活塞杆双作用气缸结构如图 4-29 所示,与单作用气缸构成形式相近,都是由缸筒、前后端盖、活塞、活塞杆、密封件和紧固件构成,但没有复位弹簧。当左气口的气体压力大于右气口时,活塞带动活塞杆向右移动,否则向左移动。活塞杆双作用气缸实物如图 4-30 所示。

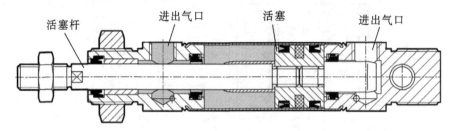

图 4-29 活塞杆双作用气缸结构图

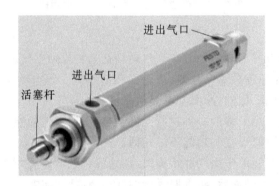

图 4-30 活塞杆双作用气缸实物照片

（3）控制元件

气动控制元件主要作用是控制气流的压力、流量和流动方向,从而使气动执行元件能够按照规定进行动作。

方向控制阀包括单向阀和换向阀。单向阀也叫止回阀,作用是使气体只能按照一个方向流动,如图 4-31 所示,当压缩空气从进气口进入,压缩弹簧使得阀芯右移,气体从出气口流出;反之,如果气体从出气口进入,阀芯产生密封作用,气体不能流动。单向阀实物如图 4-32 所示。

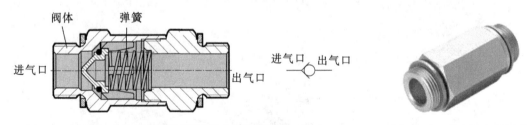

图 4-31 单向阀结构图与图形符号   图 4-32 单向阀实物照片

换向阀是用来控制气体流动方向与气流通断的控制阀,如图 4-33 所示,两位三通阀工作原理图。两位是指系统有两个工作位置,三通是指通口数量是三个,即一个进气口 P,一个出气口 A 和一个排气口 O。在初始状态下,阀芯在弹簧的作用下处于上端,压缩空气 P 无法进入与 A 口相连的腔体,而 A 口与 O 口相通,如图 4-33(a)所示。当活塞杆在受到向下作用力后,压缩弹簧,阀芯下移,此时阀口 A 与 O 断开,P 与 A 连通,压缩空气从 A 口流出,如图 4-33(b)所示。

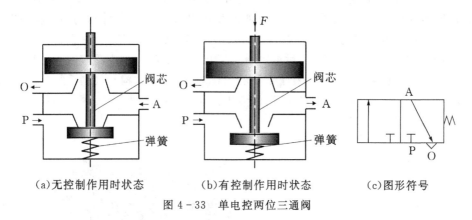

(a)无控制作用时状态　　　　(b)有控制作用时状态　　　　(c)图形符号

图 4-33　单电控两位三通阀

换向阀种类繁多,按照控制作用 F 的产生形式,可以分成气压控制阀、电磁控制阀、机械控制阀(图 4-34 所示)和人力控制阀等,另外按照系统的通路数等,可以分成两位两通阀、两位三通阀、两位五通阀(如图 4-35 所示)等。

图 4-34　机械控制两位三通阀　　　　图 4-35　电控两位五通阀

压力控制阀(图 4-36 所示)是用来控制气动系统中压缩空气的压力,从而实现执行元件力的控制。压力控制阀主要有顺序阀、安全阀(溢流阀)和减压阀。

在气动控制系统中经常要控制气动执行元件的运动速度,这通常是靠调节压缩空气的流量来实现的,用来控制气体流量的阀称为流量控制阀(如图 4-37 所示)。主要原理是通过改变阀的通流截面积来实现流量控制。

图 4-36　带压力表的压力控制阀　　　　图 4-37　流量控制阀

3.液压驱动与执行元件

液压传动是以液体作为工作介质对能量进行传递的传动形式。相对于电力拖动和机械传动而言,液压传动输出力大,重量轻,功率重量比大,比如液压马达的体积约为同功率电动机的10％左右,质量只有电动机的15％左右。同时系统工作平稳,具有过载保护能功能,易于控制等优点。系统的缺点是传递效率低、对温度敏感以及容易泄漏等。广泛应用于工程机械、建筑机械和机床甚至是机器人系统中。液压系统的工作原理、系统结构与气动系统十分相似,这里不进行介绍了。图4-38所示挖掘机采用的液压传动,图4-39所示美国战地机器人BigDog腿部采用的均为液压系统关节。

图4-38 挖掘机

图4-39 美国战地机器人

4.执行机构

执行机构能够实现运动与力的转换与传递。执行机构种类很多,按组成构件间相对运动的不同,机构可分为平面机构(如链轮传动、平面连杆机构、圆柱齿轮机构等)和空间机构(如空间连杆机构、蜗轮蜗杆机构等);按结构特征可分为连杆机构、齿轮机构、带轮机构、棘轮机构等;按运动副类别可分为低副机构(如连杆机构等)和高副机构(如凸轮机构等);按所转换的运动或力的特征可分为匀速和非匀速转动机构、直线运动机构、换向机构、间歇运动机构等。

（1）连杆机构

所有运动副都是转动副的平面四杆机构称为铰链四杆机构,它是平面连杆机构中最基本的形式,图4-40所示平面四杆机构原理图。曲柄是平面四杆机构中能够圆周运动的构件,根据连架杆是曲柄还是摇杆将其分为三种基本类型,即:曲柄摇杆机构、双曲柄机构和双摇杆机构。曲柄摇杆机构应用十分广泛,如汽车车窗的刮雨器、缝纫机传动机构、雷达天线摆动机构等。双曲柄机构也有很多应用,如惯性筛、火车轮驱动机构、公交车门机构等等。图4-41所示为火车车轮的驱动机构为平行双曲柄机构,系统中的连杆A为虚约束构件,否则系统的两轮运动关系将不确定。

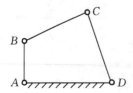

图4-40 平面四杆机构原理图

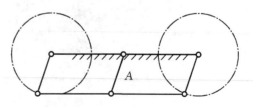

图4-41 双曲柄机构

　　平面四杆机构还可以演化出曲柄滑块机构、导杆机构、摇块机构、定块机构等,如图 4 - 42 所示。曲柄滑块机构是曲柄摇杆机构演化出来的,具有移动副的四杆机构。曲柄滑块机构在空气压缩机、水泵、冲床等机械中有着广泛的应用。导杆机构可以应用于刨床、液压泵上。

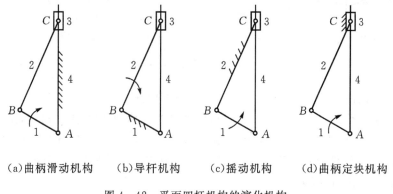

(a)曲柄滑动机构　　(b)导杆机构　　(c)摇动机构　　(d)曲柄定块机构

图 4 - 42　平面四杆机构的演化机构

(2)齿轮机构

　　齿轮是应用最广泛的一种传动机构,可以在空间两轴之间传递运动和动力,齿轮机构结构紧凑,传动平稳,寿命长,效率高,传动比恒定,并且传递的功率和使用的速度较大。但对制造精度要求较高,成本较高。

　　齿轮机构总体可分为平面齿轮机构和空间齿轮机构。平面齿轮机构有直齿圆柱齿轮传动、斜齿圆柱齿轮机构和人字齿轮传动;而空间齿轮机构有圆锥齿轮、交错轴斜齿轮。直齿轮是结构最简单,应用最广泛的一种齿轮传动。几种常见的齿轮机构如图 4 - 43 所示。

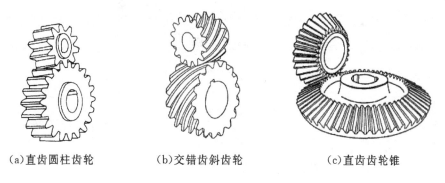

(a)直齿圆柱齿轮　　　　(b)交错齿斜齿轮　　　　(c)直齿齿轮锥

图 4 - 43　几种常见齿轮机构

(3)带传动

　　带传动是由主动轮 1、从动轮 2 和传动带 3 构成,如图 4 - 44(a)所示。带传动种类很多,按照传动原理,可以分为摩擦带传动和啮合带传动;按照用途可以分为传动带和输送带;按照传动带的截面形状可以分为平带、V 带、多楔带和圆形带,如图 4 - 44 所示。平带结构简单,成本低。

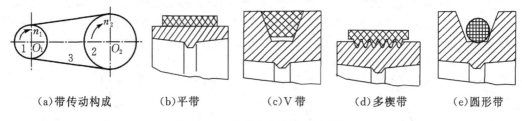

(a)带传动构成　　(b)平带　　(c)V带　　(d)多楔带　　(e)圆形带

图 4-44　带传动构成与截面形状

带传动属于挠性传动,传动平稳、噪声小、可缓冲吸振。过载时,带和带轮之间会打滑,从而可以保护其他传动件免受损坏。带传动可以实现在较大轴距上传输扭矩,结构简单,制造、安装和维护较方便,且成本低廉。但由于带与带轮之间存在滑动,传动比无法严格保持不变。带传动的传动效率较低,带的寿命一般较短,适宜用在不频繁换向的工作场合。如汽车发动机、缝纫机、农用机械、打印机等。

(4)链传动

链传动是由主动轮 1、从动轮 2、链条 3 以及机架构成,如图 4-45 所示。链传动按照用途可以分为传动链、输送链和曳引链,传动链最主要的功能是传递运动和力。链传动运行平稳、噪音小,和带传动相比,不存在打滑,传动准确,张紧力小,对轴的压力小。可以在高温、潮湿等各种环境中工作,但只能应用于平行轴传动。链传动在农业机械、石油机械、建筑机械以及自行车中都有应用。

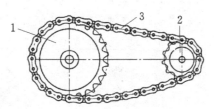

图 4-45　带传动构成

(5)螺旋机构

螺旋机构由丝杠、螺母和支架组成,主要用于将旋转运动变为直线运动,也可把直线运动变为旋转运动,同时传递动力。

螺旋机构可以分为传力螺旋、传导螺旋和调整螺旋。

传力螺旋主要作用是传递力,如螺旋千斤顶、工装夹具等,特点:低速、间歇工作,传递轴向力大、自锁。

传导螺旋传递运动和动力,如机床切削进给装置,特点:速度高、连续工作、精度高;螺旋传动中最常见的是滑动螺旋传动,如图 4-46 所示。滑动螺旋构造简单、传动比大,承载能力高,加工方便、传动平稳、工作可靠、易于自锁。但是,由于滑动螺旋传动的接触面间存在着较大的滑动摩擦阻力,故其传动效率低、磨损快、精度不高、使用寿命短,不能适应机电一体化设备在高速度、高效率、高精度等方面的要求。

调整螺旋在机床、仪器及测试装置中的微调螺旋中应用,其特点是受力较小且不经常转动。

滚珠螺旋传动是传统滑动丝杠的进一步发展,由丝杠、螺母、滚珠等零件组成的机械元件,其作用是将旋转运动转变为直线运动或将直线运动转变为旋转运动,机构简图如图 4-47 所示,实物如图 4-48 所示。滚珠丝杠副因优良的摩擦特性而被广泛地运用于各种工业设备、精密仪器、精密数控机床。滚珠螺旋机构传动效率高、定位精度高、传动可逆、使用寿命长、同步性能好。

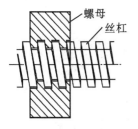

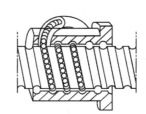

图 4-46 滑动螺旋机构　　图 4-47 滚珠螺旋机构简图　　图 4-48 滚珠螺旋机构照片

(6)凸轮机构

凸轮机构是由凸轮、从动件和机架三个基本构件组成的高副机构,凸轮一般是主动件,具有曲线轮廓或凹槽,作等速回转运动或往复直线运动。

凸轮机构结构简单、紧凑。只要设计出适当的凸轮轮廓,就可使从动件实现任何预期的运动规律。因为主动件和从动件之间为点接触或线接触,所以容易磨损。由于这一特点,凸轮机构主要用于传递动力不大的场合。凸轮机构广泛应用于纺织机械、矿山机械、机床进给装置以及内燃机配气机构中。

凸轮机构按照凸轮形状可以分为盘形凸轮、移动凸轮和圆柱凸轮三种;按照从动件形状分为尖顶从动件、滚子从动件和平底从动件三种。尖顶从动件如图 4-49(a)所示,以尖顶与凸轮接触,可以实现从动件任意规律运动,但是摩擦力大,容易磨损,一般应用于较小力的传递。滚子从动件如图 4-49(b)所示,以滚子与凸轮轮廓接触,摩擦为滚动摩擦,摩擦力小,故结构磨损小,应用非常广泛。平底从动件如图 4-49(c)所示,采用平底与凸轮接触,受力始终与平底垂直,故传力效率高,而且在有润滑油的情况下,能够形成楔形油膜,摩擦较小,这种结构通常在高速系统中采用。

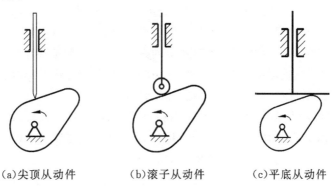

(a)尖顶从动件　　(b)滚子从动件　　(c)平底从动件

图 4-49 凸轮机构三种类型从动件

(7)棘轮机构

棘轮机构是由棘轮和棘爪组成的一种单向间歇运动机构,可以分为外啮合棘轮(如图 4-50 所示)和内啮合棘轮(如图 4-51 所示)。外啮合棘轮机构能够将转动转换为棘轮的单向间歇运动,可以用于在各种机床间歇进给或回转工作台的转位上。自行车上的飞轮(如图 4-52 所示)采用的是内啮合棘轮机构,能够实现单向运动。棘轮机构除了按照啮合方式分类外,还可以分为齿式棘轮机构和摩擦式棘轮机构,如图 4-50 和图 4-51 所示均为齿式棘轮机构,它的特点是:有噪音,磨损较大。摩擦式棘轮机构采用偏心扇形楔块代替棘爪,棘轮上没有齿,采用摩擦力传递运动,传动平稳,噪音小,但是容易打滑。

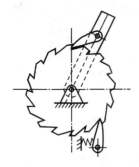 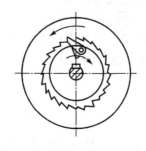 

4-50 外啮合棘轮简图　　图 4-51 内啮合棘轮简图　　图 4-52 采用内啮合棘轮的自行车飞轮

4.3　控制理论及技术

控制科学与工程是一门研究控制的理论、方法、技术及其工程应用的学科,它是 20 世纪最重要的科学理论和成就之一。自动控制经过数十年的发展,提高了生产率和产品质量,减轻了人的劳动强度和工作危险性,推动了工业的发展。自动控制理论在各领域都有着极广泛的应用,特别是将自动控制理论同计算机技术相结合,产生了计算机控制技术,使得自动控制技术在各行业获得了广泛的应用。

4.3.1　控制技术的发展过程

自从奈奎斯特发表反馈放大器稳定性论文以来,控制理论经过了 80 多年的发展历程。控制理论大体的分为了经典控制、现代控制和智能控制三个不同的阶段,这种阶段性的发展过程体现了控制理论和所解决问题从简单到复杂发展过程,如图 4-53 所示。

经典控制理论是以传递函数作为系统分析的数学模型,主要适用于单输入、单输出的控制系统,研究的对象是单变量定常数线性系统,采用频率法和根轨迹法,解决稳定性问题。经典控制理论包括线性控制理论、采样控制理论、非线性控制理论三个部分。到 20 世纪 50 年代,经典控制理论发展到相当成熟的地步,形成了相对完整的理论体系。在经典控制理论中,PID(比例、积分、微分控制)控制在工程实际中应用最为广泛,PID 控制以其结构简单、稳定性好、工作可靠、调整方便,成为工业控制的主要技术之一。

20 世纪 60 年代到 70 年代是现代控制论形成和发展阶段,主要基于时域内的状态空间分析法,对系统的状态变量的描述来进行控制。基本的方法是时间域方法,以卡尔曼线性滤波和估计理论、贝尔曼动态规划等理论为基础,形成了自适应控制、鲁棒控制、最优控制、模糊控制等一系列控制方法。系统的控制对象可以是多输入多输出系统,系统可以是线性或者非线性、定常或者时变的。特别是数字计算机技术的发展,使得复杂系统的控制得到了有力的支撑。

随着控制系统的复杂化,传统的控制理论和方法已经不能解决复杂大系统的控制问题。

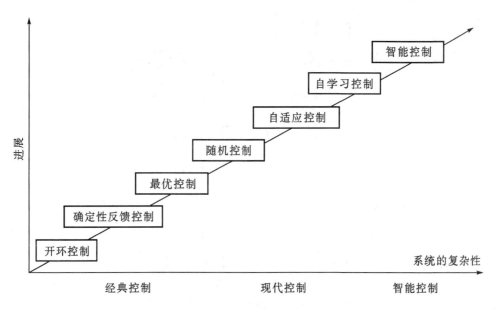

图 4-53　控制技术的发展过程

这些系统很多为不确定系统,而传统的控制理论大多都是基于数学模型,对于不确定系统和高度非线性系统,传统控制方法的解决范围有限。在大型的复杂系统中,除了要处理传统控制中常规的信息外,还要处理复杂的视觉、声音等环境信息。控制需要针对不确定性和复杂性的对象和任务,这就需要把控制理论与人的经验结合起来,于是产生了智能控制。智能控制系统是具有仿人智能的工程控制与信息处理系统,其中最典型的是智能机器人。

自动控制理论,特别是针对复杂对象控制的智能控制理论和计算机技术的迅速发展,必将有力地推动社会生产力的发展,促进人类社会进步。

4.3.2 PID 控制

在工业控制系统中,将比例(proportional)、积分(integral)、微分(differential)进行组合,称之为 PID 控制。PID 控制是经典控制理论中最重要的控制方法,现在的大多数工业控制场合都在大量采用。PID 控制结构简单、可靠性高、使用方便,成为工业控制的主要技术之一。PID 控制采用比例、积分、微分项的运算结果作为系统的控制量对系统进行控制,每项的作用明确,而且不依赖于被控对象的数学模型。特别是与计算机相结合,PID 控制算法的参数设定和算法改进更加灵活多样,能够适应很多控制场合的要求。

PID 控制器是一种线性调节器,如图 4-54 所示。$r(t)$ 为系统的设定值,$y(t)$ 为实际输出值,$u(t)$ 为控制量,偏差信号 $e(t)$ 如式 4-1 所示。

$$e(t) = r(t) - y(t) \tag{4-1}$$

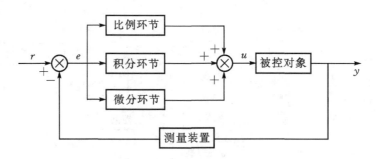

图 4 - 54　PID 控制系统框图

PID 控制器的数学表达式为：

$$u(t) = K_p\left[e(t) + \frac{1}{T_i}\int_0^t e(t)\,\mathrm{d}t + T_d\frac{\mathrm{d}e(t)}{\mathrm{d}t}\right] \qquad (4-2)$$

式中，K_p 为比例系数；T_i 为积分时间常数；T_d 为微分时间常数。

由公式(4-2)可以看出，PID 控制是通过比例环节、积分环节和微分环节的线性组合构成当前时刻的控制量。在工程实际中，可以根据被控对象的特点进行灵活选择，构成比例控制器(P)、比例积分控制器(PI)、比例微分控制器(PD)，以及式(4-2)的比例积分微分控制器等。

1. 比例控制器

比例控制器是最简单的一种控制方式，控制表达式如下：

$$u(t) = K_p e(t) \qquad (4-3)$$

从表达式可以看出，比例控制是对当前时刻的偏差信号 $e(t)$ 进行放大或衰减后作为控制信号输出。比例控制器能够对偏差进行响应，一旦偏差产生，控制器的控制量就会发生改变，产生与它成正比的控制作用，控制的效果是减小偏差。增加比例系数 K_p，控制作用增强，系统的动态特性越好，消除偏差速度越快，可以减小稳态误差。但增大 K_p 会引起系统震荡，造成稳定性降低。同时，单单靠比例环节，只能减小系统偏差，不能够完全消除静态偏差。

2. 比例积分控制器

当系统进入稳态后，由于稳态误差比较小，单靠比例环节不能够消除静态偏差，所以引入积分环节，比例积分控制器(PI)的控制表达式如下：

$$u(t) = K_p\left[e(t) + \frac{1}{T_i}\int_0^t e(t)\,\mathrm{d}t\right] \qquad (4-4)$$

式中，除了比例环节外，还增加了积分环节。积分环节可以累计偏差，只要有偏差存在，积分就会产生作用，影响控制量，从而减小偏差和消除偏差。只要有足够的时间，积分控制就能够消除静态偏差。由于积分环节需要一定的时间才能发挥作用，因而当偏差刚出现时，积分环节的调节力度较弱，不能及时克服扰动的影响。

3. 比例微分控制器

比例积分控制器虽然能够消除系统的静态偏差，但是对于扰动不能够及时响应。特别是对于一些惯性系统，控制的动态品质较差。如果能够预测系统的走势，对系统走势进行提前控制，就能够提高系统的稳定性，减小超调量。于是将微分环节引入到系统控制中，比例微分控制表达式如式(4-5)所示。

$$u(t) = K_\text{p}\Big[e(t) + T_\text{d}\frac{\mathrm{d}e(t)}{\mathrm{d}t}\Big] \tag{4-5}$$

微分环节的作用是由偏差信号变化率预见偏差的走势,对于偏差的变化能够及时进行控制,阻止偏差发生较大变化,从而达到减小超调量,减小震荡的目的。但微分环节只对变化的偏差进行响应,而对于静态偏差,微分环节无法起到调节的作用。

4. 比例积分微分控制器

将比例、积分与微分环节线性结合,就构成了比例积分微分控制(PID),PID 控制器充分利用了三个环节的特点,体现了利用了系统过去状态的历史、现在的状态和对将来状态的预测进行控制的方式,成为工业控制中最为成熟,应用最为广泛的一种控制方法。

4.3.3　数字 PID 控制

在数字计算机技术没有广泛使用之前,通常采用模拟电路实现 PID 控制,这种控制方式参数调节不太灵活。随着计算机技术的发展,在当今的工业控制系统中,通常采用数字 PID 控制,采用数字 PID 控制后,系统参数调节方便,而且便于对 PID 控制技术进行改进。

数字 PID 控制需要将式(4-2)的模拟 PID 控制器进行离散化。设采样周期为 T,k 是采样周期序号$(k=0,1,2,3,\cdots)$,连续的时间 t 用离散时间 kT 表示。

偏差的积分项用偏差的求和近似表示:

$$\int_0^t e(t)\mathrm{d}t \approx T\sum_{n=0}^{k}e(n) \tag{4-6}$$

偏差的微分项用差分表示:

$$\frac{\mathrm{d}e(t)}{\mathrm{d}t} \approx \frac{e(k)-e(k-1)}{T} \tag{4-7}$$

于是可以将式(4-2)的连续 PID 控制表示为离散 PID 表达式:

$$u(k) = K_\text{p}\Big\{e(k) + \frac{T}{T_\text{i}}\sum_{n=0}^{k}e(n) + \frac{T_\text{d}}{T}[e(k)-e(k-1)]\Big\} \tag{4-8}$$

式(4-8)为位置型 PID 控制表达式,控制量 $u(k)$ 需要对前面所有偏差进行累加,计算和存储工作量较大。

位置型 PID 控制算法流程如图 4-55 所示。

根据式(4-8),计算 $k-1$ 时刻的控制量 $u(k-1)$,得到:

$$u(k-1) = K_\text{p}\Big\{e(k-1) + \frac{T}{T_\text{i}}\sum_{n=0}^{k-1}e(n) + \frac{T_\text{d}}{T}[e(k-1)-e(k-2)]\Big\} \tag{4-9}$$

k 时刻与 $k-1$ 时刻控制量的的增量 Δu 如下:

$$\Delta u(k) = K_\text{p}\Big\{[e(k)-e(k-1)] + \frac{T}{T_\text{i}}e(k) + \frac{T_\text{d}}{T}[e(k)-2e(k-1)+e(k-2)]\Big\} \tag{4-10}$$

式(4-10)为 PID 增量型表达式,与位置型 PID 控制表达式相比,式中没有了偏差的累加项,只需要用到 $e(k)$、$e(k-1)$、$e(k-2)$ 三个偏差的历史数据。增量型 PID 控制算法更加稳定可靠,计算误差和精度对控制量的影响小,在控制模式切换时,对系统的影响较小。

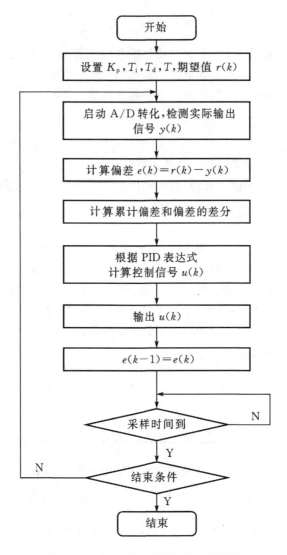

图 4-55 位置型 PID 控制算法流程图

4.3.4 PID 控制参数的整定

PID 控制参数的设定对控制品质影响很大,所以参数的整定一直是 PID 控制研究的一项重要内容。所谓参数整定,是确定控制系统中的比例系数、积分时间常数和微分时间常数。

在数字 PID 控制中,还需要确定采用周期的大小。采样周期要考虑到被控对象的特点,采样周期的大小应当适中。采样周期首先要满足香农采样定理的要求,即采样频率要大于被采样信号最高频率的两倍以上,才能够保证通过采样数据真实地恢复被采样的连续信号。除此之外,被控对象的信号扰动情况,被控对象的动态特征的好坏以及控制系统的成本,对采样周期都会产生影响。

PID 参数的整定的方法很多,简易工程法不依赖于被控对象的数学模型,对于数学模型难以获得的复杂系统同样适用。这种方法主要根据经验,通过被控对象的特点设定 PID 相关参数,主要方法有扩充临界比例法、扩充响应曲线法以及试凑法等。

1. 扩充临界比例法

扩充临界比例法不依赖于系统的数学模型,在工业系统控制中应用较为广泛,该方法的主要步骤如下:

①选择一个足够短的采样周期 T,当被控过程有滞后时,采样周期取滞后时间的 1/10 以下。

②去掉积分和微分,只留比例控制。给定值 r 做阶跃输入,逐渐加大比例系数 K_p,使系统出现临界振荡,记下此时的比例系数值为临界比例系数,此时的振荡周期为临界振荡周期。

③选择控制度。所谓控制度是指将数字控制器和模拟控制器所对应的过渡过程的误差平方和的比值。

④根据扩充临界比例法整定参数表选择控制参数。

⑤将选定的控制参数应用于系统控制,观察控制效果,进行适当的参数调整。

2. 扩充响应曲线法

扩充响应曲线法是将整定模拟 PID 控制器的响应曲线法进行改进,用于整定数字控制器,这种方法的主要步骤如下:

①断开数字控制器,在开环状态下给系统一个阶跃信号,记录系统的阶跃响应曲线。

②在阶跃响应的最大斜率处做切线,记录等效的滞后时间和等效的时间常数,以及这两个参数的比值。

③根据扩充响应曲线法整定参数表,求出控制器的相关控制参数。

④将选定的控制参数应用于系统控制,观察控制效果,进行适当的参数调整。

3. 试凑法

试凑法是根据 PID 控制的三个环节的意义和对控制品质的影响,通过观察系统的响应过程,反复调节参数,直到获得满意的控制效果。

在用试凑法整定参数时,首先要了解比例系数、积分时间常数和微分时间常数对控制系统的影响。

比例环节是将偏差与比例系数相乘得到控制量,比例系数越大,比例控制的作用越强,系统响应越快,减小偏差的速度也越快。但增大比例系数,会引起系统震荡,超调量增大,造成系统不稳定。

积分环节是累计系统偏差的历史过程,主要用来消除系统静态偏差。减小积分时间常数,可以减少系统静态误差的存在时间,调节时间变短。但可能会造成系统振荡,但积分时间常数过大会造成系统超调量变大,稳定性变差。

微分环节可以对偏差的走势进行预测,从而避免偏差过快变化造成系统震荡。增大微分时间常数会增加微分项的作用,有利于减小系统超调量,提高系统的稳定性。但对于存在高频干扰的系统,会造成稳定性下降。

采用试凑法整定参数时,遵循先比例,后积分,再微分的步骤,具体步骤如下:

①只留比例环节,比例系数 K_p 由小变大,注意观察系统的响应曲线,如果系统的响应已经达到要求,就不需要加入积分和微分环节。

②如果单靠比例控制,系统存在静态偏差,就需要加入积分环节。在积分时间常数 T_i 整

定时,首先给定一个较大的积分时间常数,如果不满足要求,减小比例系数 K_p,通常减小到初始值的 80%,然后逐渐减小 T_i,直到消除了系统的静态偏差,同时能够保证系统的动态性能。

③在加入积分环节消除了系统的静态偏差后,如果动态性能不能够满足要求,可以加入微分环节,构成比例积分微分控制器。通常先将微分时间常数 T_d 初始值设成零,然后逐步增大,同时相应地调整 K_p 与 T_i,直到获得满意的控制效果。

采用试凑法整定参数,需要对 PID 控制算法的三个环节的作用有深入的了解,结合工程实践的经验,工程师总结出下面的整定口诀:

参数整定找最佳,从小到大顺序查。

先是比例后积分,最后再把微分加。

曲线振荡很频繁,比例度盘要放大。

曲线漂浮绕大弯,比例度盘往小扳。

曲线偏离回复慢,积分时间往下降。

曲线波动周期长,积分时间再加长。

曲线振荡频率快,先把微分降下来。

动差大来波动慢,微分时间应加长。

理想曲线两个波,前高后低四比一。

一看二调多分析,调节质量不会低。

在工程实际中,由于环境、被控对象以及控制要求等各方面因素,标准的 PID 控制算法有时无法满足要求,这就需要对控制算法进行改进。于是产生了不完全微分 PID 控制、微分先行 PID 控制算法、积分分离算法等。

4.4 本章小结

本章主要介绍了控制系统的基本概念,控制系统可以有很多分类方式,按照系统是否有反馈可以分为开环控制系统和闭环控制系统,要熟悉开环和闭环的分类原则。控制系统还可以按照控制目标分为恒值控制系统、程序控制系统和随动控制系统;按照系统传递信号的特点可以分为连续系统和离散系统。

一个典型的控制系统是由控制器、驱动器、执行器以及测量系统构成,在设计控制系统时,首先要根据系统的应用背景、性能要求、成本要求等选择合适的方案,系统构成的硬件方面,本章重点介绍了微型计算机、可编程控制器、嵌入式系统等控制器的特点,简要介绍了几种常用的电气、气动、液压驱动与执行元件,比较不同形式驱动的优缺点,并进行了应用举例,对选取合适的驱动和执行方式有一定的帮助。执行机构能够实现运动与力的转换与传递,执行机构种类很多,本章重点介绍连杆机构、齿轮机构、链传动、带传动、螺旋机构、凸轮机构以及棘轮机构等常用机构,使读者了解传动设计与传动特点。

控制器是控制系统的大脑,而控制理论和控制方法决定了控制效果。本章简要介绍了控制理论的发展历程和特点,重点介绍了比例积分微分控制算法,以及在实际控制中的具体实施方法。

由于篇幅有限,控制系统各个组成部分只能作简要介绍,如果想获得更多系统设计以及详细应用,可以参考自动控制以及机械原理与设计相关书籍。

思考题

1. 列举身边的一些控制系统,并判断系统为开环或者闭环。
2. 画出一些工业控制系统的框图,并分析各个环节输入与输出。
3. 比较几种数字控制器的优缺点,并举例。
4. 查阅气动传动资料,归纳特点,并列举一些应用。
5. 比较齿轮传动、带传动与链传动优缺点。
6. 列举一些齿轮传动与螺旋机构的应用。
7. 查阅资料,简述模糊控制的控制思想。

第5章 计算机控制系统

工业现场有两大类量——开关量和模拟量,在对这些量的控制过程中,计算机与工业现场信号无法进行直接传递,那么,工业现场的开关量是如何传送到计算机里呢?计算机所发出的开关量控制信号又是如何送达到工业现场呢?工业现场的模拟量是如何转换为计算机所能接受的数字量传送到计算机里呢?计算机计算的结果为数字量,它又是如何控制现场模拟量执行器去动作呢?这些将是本章解决的主要问题。

5.1 概述

现代控制理论的发展给自动控制系统增添了理论工具,而计算机技术的发展为新型控制规律的实现、构造高性能的控制系统提供了物质基础,两者的结合极大地推动了自动控制技术的发展。

计算机控制系统是建立在自动控制技术和计算机技术的基础上的。计算机控制系统利用计算机的硬件和软件代替自动控制系统的控制器,综合了自动控制理论、计算机技术、检测技术、通信与网络技术等,并将这些技术集成起来用于工业生产过程,对生产过程实现检测、控制、优化、调度、管理和决策,以达到提高质量与产量,确保安全生产等目的。

计算机控制系统具有丰富的指令系统和很强的逻辑判断功能。用计算机代替控制器,只要选择合适的控制算法,依据偏差计算出相应的控制量,就可以由软件编程来实现控制功能,能够实现模拟电路不能实现的复杂控制规律,因此它的适应性和灵活性很高。

对于工业生产过程的自动控制方法常分为以流水作业为主的顺序逻辑控制和以生产过程控制为主的物理量的控制,前者常常属于开关量开环控制系统,后者则常常属于模拟量闭环控制系统。在计算机控制系统中,往往大多数是开关量和模拟量同时存在的混合系统。

要对工业生产的过程及装置进行控制,就要检测被控对象当前的状态信息,并将此信息传递给计算机;计算机经过计算、处理后,将控制量以数字量的形式输出,并转换为适合于对生产过程进行控制的量。而计算机与工业现场信号无法进行直接传递,这就需要在二者之间设置进行信息传递和交换的装置,即过程通道。

在自动控制系统的框图中,若用计算机做比较器与控制器,再加上过程通道,就构成了计算机控制系统,其基本框图如图 5-1 所示。

从本质上来看,计算机控制系统的控制过程可以归结为以下三个步骤:

①实时数据采集。对被控参数的状态信息进行检测并输入。

②实时决策。对采集到的被控参数的状态信息进行分析,并按照已经设定好的控制规律计算出下一步的控制量。

③实时控制。根据决策,计算机输出控制量,实时控制执行机构动作。

计算机控制系统按照上述步骤不断重复来控制整个系统按照一定的动态品质指标进行工

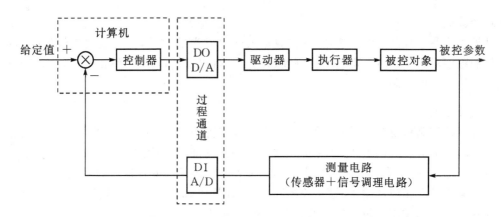

图 5-1　计算机控制系统的基本框图

作,并且对被控参数本身出现的异常状态进行实时监控和及时处理。

5.2　计算机控制系统的组成

计算机控制系统包括硬件、软件两大部分,硬件由主机、接口电路、外部设备组成,是计算机控制系统的基础;软件是安装在主机中的程序,能够完成对其接口和外部设备的控制,完成对信息的处理,它包含维持计算机主机工作的系统软件和为完成控制而进行信息处理的应用软件两大部分,软件是计算机控制系统的关键。

5.2.1　计算机控制系统的硬件

计算机控制系统的硬件一般由人机交互设备、计算机、过程通道、检测装置、执行机构、被控对象(生产装置或生产过程)等组成。计算机控制系统的硬件组成框图如图 5-2 所示。

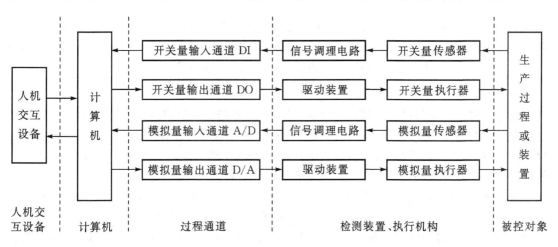

图 5-2　计算机控制系统的硬件组成框图

1. 计算机

计算机是整个控制系统的核心,它接收输入通道发送的数据,实现被测参数的巡回检测,通过控制程序对数据进行处理、比较、判断、计算后,得出控制量,通过输出通道发出控制指令,实现对被控对象的控制。

2. 过程通道

在计算机控制系统中,为了实现对生产过程或装置的控制,要将生产现场的各种被测参数转换成计算机能够接受的形式,计算机经过计算、处理后的结果还须变换成适合于对生产进行控制的信号形式,这个在计算机和生产过程或装置之间传递和变换信息的装置称为过程通道。

过程通道配合相应的输入、输出控制程序,使计算机和被控对象间能进行信息交换,从而实现对被控对象的控制。根据信号的方向和形式,过程通道又可分为:

(1)开关量输入通道

开关量输入通道是把过程和被控对象的开关量或通过传感器已转换的数字量输入计算机。

(2)开关量输出通道

开关量输出通道是将计算机运算、决策之后的数字信号输出给被控对象或外部设备。

(3)模拟量输入通道

模拟量输入通道是将经由传感器得到的工业对象的生产过程参数变换成数字量传送给计算机。

(4)模拟量输出通道

模拟量输出通道是将计算机输出的数字信号变换为控制执行机构的模拟信号,以实现对生产过程的控制。

在本章的训练中,过程通道由 PCI - 1710 采集卡和 ADAM - 3968 端子板组成。PCI - 1710 采集卡和 ADAM - 3968 端子板将在 5.3 节中进行介绍。

3. 检测装置

工业过程的参数一般是非电量,必须经过传感器变换为等效的电信号,再经过适当的信号调理才能进行信号采集。例如用 AD590 温度传感器将温度信号转变为电流信号,然后经过电流/电压转换电路转变为电压信号,再经模拟量输入通道送入计算机。

4. 执行机构

执行机构的作用是接受计算机发出的控制信号,并把它转换成执行机构的动作,使被控对象按预先规定的要求进行调整。执行机构往往与被控对象连为一体,控制被控参数的变化过程。例如,在液位控制系统中,计算机输出控制量,通过控制电动调节阀的开度控制进入容器的液体流量进而来控制液位的变化。常用的执行机构有电动、气动、液压等方式。

有些执行机构需要较大的驱动功率,即需向执行机构提供大电流或高电压驱动信号,以驱动其动作;另一方面,由于各种执行机构的动作原理不尽相同,有的用电动,有的用气动或液压,如何使计算机输出的信号与之匹配,也是执行机构必须解决的重要问题。为了实现与执行机构的功率配合,一般都要在计算机输出板卡与执行机构之间配置驱动装置。

5. 人机交互设备

人机交互设备是实现计算机与人进行信息交互的设备。按其功能可分为输入设备和输出设备。输入设备用来输入程序、数据或操作命令,如键盘、鼠标等;输出设备用来向操作人员提供各种反映生产过程工况的信息和数据,以便操作人员及时了解控制过程,如打印机、记录仪、图形显示器(CRT)等。外存储器等主要用来存储程序和数据,兼有输入与输出功能。

5.2.2　计算机控制系统的软件

计算机控制系统的硬件是完成控制任务的设备基础,软件是实现控制任务的关键,它关系到计算机运行和控制效果以及硬件功能的发挥。软件是指计算机控制系统中具有各种功能的计算机程序的总和,如完成操作、监控、管理、控制、计算和自诊断等功能的程序,整个系统在软件指挥下协调工作。软件由系统软件和应用软件组成。

1. 系统软件

系统软件一般随硬件一起由计算机的制造厂商提供,是用来管理计算机本身的资源、方便用户使用计算机的软件。作为开发应用软件的工具,系统软件提供了计算机运行和管理的基本环境。常用的有操作系统、开发系统等,它们一般不需用户自行设计编程,只需掌握使用方法或根据实际需要加以适当设置即可。

2. 应用软件

应用软件是用户根据要解决的实际问题而编写的各种程序,例如各种数据采集、数据处理、控制算法等。应用软件通常采用模块化结构进行设计,一个模块就是一个子函数,通过子函数的调用实现控制功能。应用软件的优劣,将给控制系统的功能、精度和效率带来很大的影响,它的设计是本章主要介绍的内容之一。

5.3　采集卡 PCI – 1710 简介

5.3.1　简介

PCI – 1710 是一款功能强大的低成本多功能 PCI 总线数据采集卡,如图 5 – 3 所示,其中包含五种最常用的测量和控制功能,即 12 位 A/D 转换、D/A 转换、数字量输入、数字量输出,以及计数器/定时器功能。

图 5 – 3　PCI – 1710 数据采集卡

PCI-1710 支持即插即用。在安装插卡时,用户不需要设置任何跳线和 DIP 拨码开关。实际上,所有与总线相关的配置,例如基地址、中断,均由即插即用功能完成。

▶ 5.3.2 特性

PCT-1710 的特性总结如下:

①16 路单端或 8 路差分模拟量输入或组合方式输入。

②12 位 A/D 转换器,采样速率可达 100 kHz。

③可编程设置每个通道的增益。

④板载 4 K 采样 FIFO 缓存器。

⑤2 路 12 位模拟量输出。

⑥16 路开关量输入及 16 路开关量输出。

⑦可编程计数器/定时器。

▶ 5.3.3 基于采集卡的控制系统的组成

在基于采集卡的控制系统中,采集卡和端子板构成过程通道,如图 5-4 所示。

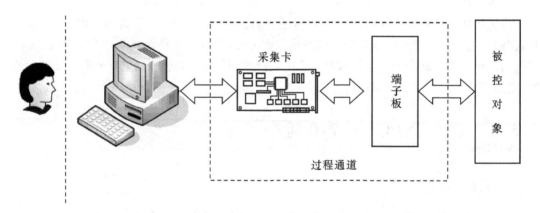

图 5-4 由采集卡和端子板构成过程通道

用数据采集卡构成完整的控制系统还需要接线端子板、通信电缆。

PCL-10168 屏蔽电缆是专门为 PCI-1710/1710HG 所设计的,它用来降低模拟信号的输入噪声。该电缆采用双绞线,并且模拟信号线和数字信号线是分开屏蔽的。这样能使信号间的交叉干扰降到最小,并使 EMI/EMC 问题得到了最终的解决。PCL-10168 屏蔽电缆如图 5-5 所示,是两端针型接口的 68 芯 SCSI-Ⅱ电缆,用于连接采集卡与接线端子板。

接线端子板采用 ADAM-3968 型,如图 5-6 所示,是 DIN 导轨安装的 68 芯 SCSI-Ⅱ接线端子板,用于各种输入输出信号线的连接。

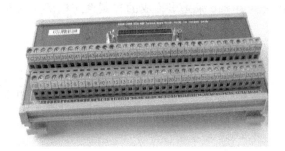

图 5-5　PCL-10168 电缆　　　　图 5-6　ADAM-3968 接线端子板

用 PCL-10168 电缆将 PCI-1710 采集卡与 ADAM-3968 端子板连接,这样 PCL-1710 的 68 个针脚和 ADAM-3968 的 68 个接线端子一一对应,对应关系如图 5-7 所示,使用时将输入信号连接到端子板相应接线柱上即可。

AI0	68	34	AI1
AI2	67	33	AI3
AI4	66	32	AI5
AI6	65	31	AI7
AI8	64	30	AI9
AI10	63	29	AI11
AI12	62	28	AI13
AI14	61	27	AI15
AIGND	60	26	AIGND
AO0_REF*	59	25	AO1_REF*
AO0_OUT*	58	24	AO1_OUT*
AOGND*	57	23	AOGND*
DI0	56	22	DI1
DI2	55	21	DI3
DI4	54	20	DI5
DI6	53	19	DI7
DI8	52	18	DI9
DI10	51	17	DI11
DI12	50	16	DI13
DI14	49	15	DI15
DGND	48	14	DGND
DO0	47	13	DO1
DO2	46	12	DO3
DO4	45	11	DO5
DO6	44	10	DO7
DO8	43	9	DO9
DO10	42	8	DO11
DO12	41	7	DO13
DO14	40	6	DO15
DGND	39	5	DGND
CNT0_CLK	38	4	PACER_OUT
CNT0_OUT	37	3	TRG_GATE
CNT0_GATE	36	2	EXT_TRG
+12 V	35	1	+5 V

图 5-7　PCI-1710 卡 68 针 I/O 接口的针脚定义

用 PCI-1710 采集卡构成的控制系统框图如图 5-8 所示。

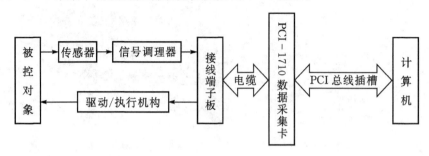

图 5-8　基于 PCI-1710 采集卡的控制系统的组成

5.3.4　采集卡 PCI-1710 Demo 程序应用介绍

利用采集卡附带的测试程序对采集卡的各项功能进行测试。

运行设备测试程序：在研华设备管理程序 Advantech Device Manager 对话框中点击"Test"按钮，出现"Advantech Device Test"对话框，通过不同选项可以对采集卡的"Analog Input""Analog Output""Digital Input""Digital Output""Counter"等功能进行测试。

1. 设置

(1)从开始菜单/程序/Advantech Automation/ Device Manager，打开 Advantech Device Manager，如图 5-9 所示。

图 5-9　Demo 程序界面

　　当计算机上已经安装好某个产品的驱动程序后，它前面将没有叉号，说明驱动程序已经安装成功。PCI 总线的板卡插好后计算机操作系统会自动识别，并显示分配给板卡的基地址，如图 5-9 所示，PCI-1710U 采集卡的基地址为 E880H。Device Manager 在 Installed Devices 栏中 My Computer 下会自动显示出所插入的设备，这一点和 ISA 总线的板卡不同。

　　(2)在图 5-9 所示界面中点击"Setup"弹出设置界面，如图 5-10 所示。用户可设置模拟量输入通道(A/D)是单端输入或是差分输入；还可设置模拟量输出通道(D/A)的参考电压是使用内部或者外部的，如果使用内部参考电压，可选择"0-5 V"或者"0-10 V"。设置完成后点击"OK"即可。

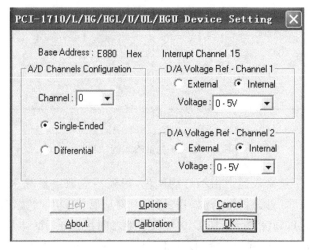

图 5-10　设置界面

2. 测试

　　测试时用 PCL-10168 电缆将 PCI-1710 采集卡与 ADAM-3968 端子板连接，如图 5-11 所示。PCI-1710 采集卡已安装在计算机的 PCI 插槽里。这样 PCL-1710 的 68 个针脚和 ADAM-3968 的 68 个接线端子一一对应，可通过将输入信号连接到接线端子来测试 PCI-1710 的功能。

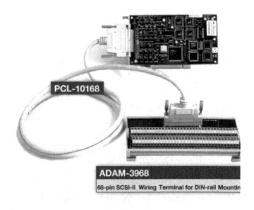

图 5-11　采集卡与端子板的连接

①开关量输入功能的测试。在图5－9的界面中点击"Test"，弹出界面后选择"Digital input"，进入开关量输入测试界面，如图5－12所示。

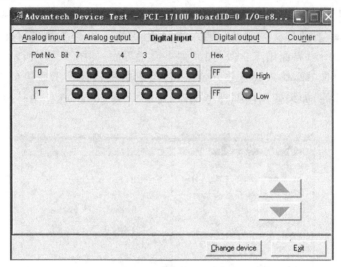

图5－12　开关量输入测试界面

用户可以通过数字量输入通道指示灯的颜色，得到相应数字量输入通道输入的是低电平还是高电平（红色为高，绿色为低）。例如，将通道0对应管脚DI0与数字地DGND短接，则通道0对应的状态指示灯（Bit0）变绿，在DI0与数字地之间接入＋5 V电压，则指示灯变红。

②开关量输出功能的测试。选择"Digital output"，进入开关量输出测试界面，如图5－13所示。

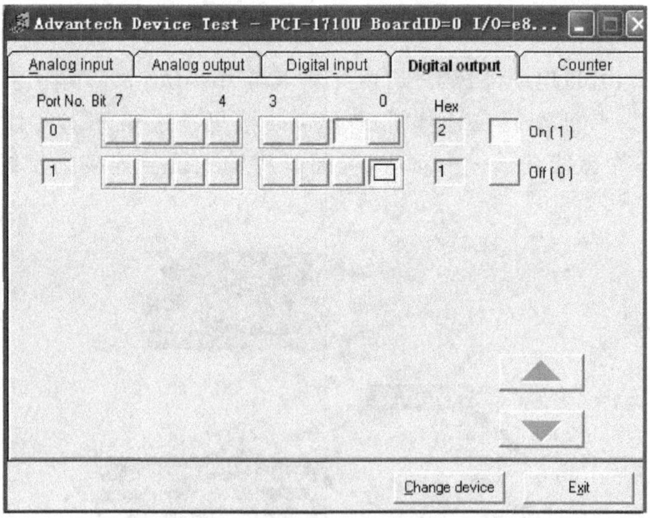

图5－13　开关量输出测试界面

用户可以通过按动界面中的方框，方便地将相对应的输出通道设为高电平输出或低电平输出。用万用表测试相应管脚，可以测得高电平输出时为4.5 V，低电平输出时为0.15 V。用电压表测试相应管脚，可以测到这个电压。例如图5－13中，低八位输出2，高八位输出1（十六进制），即DO1输出高电平，DO8输出高电平，其余输出通道输出均为低电平。

　　③模拟量输入功能的测试。选择"Analog input",进入模拟量输入测试界面,如图 5 - 14 所示。

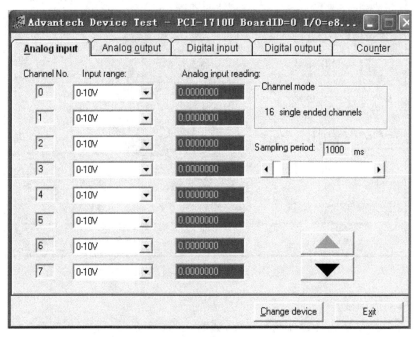

图 5 - 14　模拟量输入测试界面

测试界面说明:
- Channel No:模拟量输入通道号(0—15)。
- Input range:输入范围选择。
- Analog input reading :模拟量输入通道读取的数值。
- Channel mode:通道设定模式。
- sampling period :采样时间间隔。

　　④模拟量输出功能的测试。选择"Analog output",进入模拟量输入测试界面,如图5 - 15 所示。

　　两个模拟量输出通道可以分别选择输出正弦波、三角波或方波,各波形的最低电平和最高电平也可以设置,然后按" ▷ "按钮,即可在相应通道输出。也可以直接设置输出电压幅值,点击"Out"按钮,即可在相应通道输出。例如,要使通道 0 输出 4.5 V 电压,在"Manual Output"中设置输出值为 4.5 V,点击"Out"按钮,即可在管脚 AO0_OUT 与 AO_GND 之间输出 4.5 V 电压,这个值可用万用表测得,在图 5 - 15 的界面"Output Voltage"项也可以观察到相应的输出。

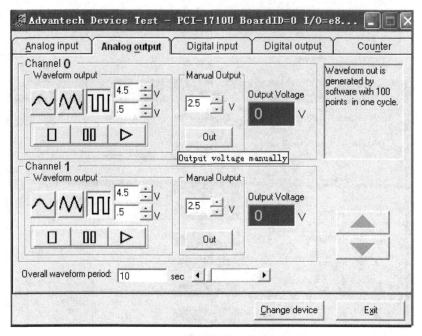

图 5-15　模拟量输出测试界面

⑤计数器功能测试。

选择"Counter"，进入计数器测试界面，如图 5-16 所示。

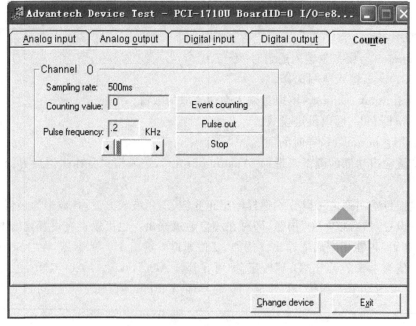

图 5-16　计数器测试界面

用户可以选择 Event counting(事件计数)或者 pulse out(脉冲输出)两种功能。选择事件计数时，将信号发生器接到管脚 CNT0-CLK，当 CNT0-GATE 悬空或接＋5 V 时，事件计数器将开始计数。例如:在管脚 CNT0 - CLK 接 100 Hz 的方波信号,计数器将累加方波信号的个数。如果选择脉冲输出,管脚 CNT0 - OUT 将输出频率信号,输出信号的频率可以设置。例如图上显示,设置输出信号的频率为 0.2 kHz。

5.3.5　采集卡 PCI - 1710 端口地址分配

CPU 与外设进行信息交换时,各类信息在接口中存入不同的寄存器,一般称这些寄存器为 I/O 端口,每个端口有一个地址与之相对应,该地址称为端口地址。有了端口地址,CPU 对外设的输入/输出操作实际上就是对 I/O 接口中各端口的读/写操作。数据端口一般是双向的,数据是输入还是输出,取决于对该端口地址进行操作时 CPU 发往接口电路的读/写控制信号。由于状态端口只做输入操作,控制端口只做输出操作,因此,有时为了节省系统地址空间,在设计接口时往往将这两个端口共用一个端口地址,再用读/写信号来分别选择访问。PCI - 1710 采集卡常用端口地址分配情况如表 5 - 1 所示。

表 5 - 1　PCI - 1710 采集卡常用端口地址分配

地址	读	写
Base+0	A/D 低字节	软件触发
+1	A/D 高字节及通道信息	—
+2	—	增益、极性、单端与差动控制
+4	—	多路开关起始通道控制
+5	—	多路开关结束通道控制
+6	—	A/D 工作模式控制
+7	A/D 状态信息	—
+9		FIFO 清空
+10	—	D/A 通道 0 低字节
+11	—	D/A 通道 0 高字节
+12	—	D/A 通道 1 低字节
+13	—	D/A 通道 1 高字节
+14	—	D/A 参考控制
+16	DI 低字节	DO 低字节
+17	DI 高字节	DO 高字节

需要注意的是:

① 一个端口在某一时刻只能读或只能写。

② 一个端口对应一个寄存器,一个寄存器可以存放一个字节的数据。

③ 每一个端口对应的寄存器都有规定的数据格式,定义了每一位的意义(见附录 3)。

④ 每一个采集卡有一个起始地址,称为基地址(BASE)。PCI 总线的板卡插好后计算机操作系统会自动识别,并显示分配给板卡的基地址。在本章的训练中,PCI - 1710 采集卡的基地址为 0xE880。

⑤访问端口时的完整地址为：

采集卡各端口的地址＝基地址＋偏移量

⑥为了系统更为安全，Windows 2000 以上操作系统对系统底层操作采取了屏蔽的策略，由于 Windows 对系统的保护，绝对不允许任何的直接 I/O 动作发生。WinIO 库通过使用内核模式下设备驱动程序和其他一些底层编程技巧绕过 Windows 安全保护机制，允许 32 位 Windows 程序直接对 I/O 口进行操作。所以，在对端口进行读写操作时，需调用 WinIO 库，具体参见附录 2 中 F2.7 节。

⑦在 VC 环境下对端口的读写函数：

对端口进行读操作：_inp(端口地址)

对端口进行写操作：_outp(端口地址，变量名)

5.4 开关量的输入、输出通道

5.4.1 开关量的概念

开关量顾名思义就是只有开和关两种状态的工程量，如开关的闭合与断开，指示灯的亮与灭，继电器或接触器的吸合与释放，电机的启动与停止，阀门的打开与关闭等。这些信号的共同特征是以二进制的逻辑"1"和"0"出现的，代表生产过程的一个状态。开关量只要用一位二进制数即可表示，也就是说这种变量的值要么是 0，要么是 1。

5.4.2 开关量输入通道的功能

开关量输入通道的基本功能是将生产装置或生产过程产生的开关量信号转换成计算机需要的电平信号，以二进制数的形式输入计算机。这些开关量信号的形式一般是电压、电流和开关的触点，因此容易引起瞬时高压、过电流或接触抖动等现象，因此为使信号安全可靠，在开关量输入电路中，主要是考虑信号调理技术，如电平转换、RC 滤波、过电压保护、反电压保护、光电隔离等。

①电平转换是用电阻分压法把现场的电流信号转换为电压信号。

②RC 滤波是用 RC 滤波器滤除高频干扰。

③过电压保护是用稳压管和限流电阻作过电压保护；用稳压管或压敏电阻把瞬态尖峰电压箝位在安全电平上。

④反电压保护是串联一个二极管防止反极性电压输入。

⑤光电隔离是用光耦隔离器实现计算机与外部的完全电隔离。

5.4.3 开关量输出通道的功能

开关量输出通道的功能是把计算机输出的数字信号传送给开关器件（如继电器或指示灯），控制它们的通、断或亮、灭。开关量输出通道简称 DO 通道。

在输出通道中，为防止现场强电磁干扰或工频电压通过输出通道反串到 CPU 系统中，一般需要采用通道隔离技术。目前，光电耦合器件和继电器常用作开关量输出隔离器件。

计算机输出的是微弱数字信号，为了能对生产过程中的开关量执行器进行控制，需根据现场负荷的不同,如指示灯、继电器、接触器、电机、阀门等,可以选用不同的功率放大器件构成不同的开关量驱动电路。常用的有三极管输出驱动电路、继电器输出驱动电路、晶闸管输出驱动电路、固态继电器输出驱动电路等。

5.4.4 开关量用于顺序控制

顺序控制是以预先规定好的时间或条件为依据,按照预先规定好的动作次序顺序地完成工作的自动控制。简而言之,顺序控制就是按时序或事序规定工作的自动控制。在工业生产中,许多生产工序,如运输、加工、检验、装配、包装等,都要求顺序控制。在一些复杂的大型计算机控制系统中,许多环节需要采用顺序控制方法,例如,有些生产机械要求在现场输入信号(如行程开关、按钮、光电开关、各种继电器等)的作用下,根据一定的转换条件实现有顺序的开关动作;而有些生产机械则要求按照一定的时间先后次序实现有顺序的开关动作。

顺序控制系统的实现相对较容易些,对于按事序工作的环节(系统),计算机从生产现场获取信号,然后按工艺要求对有关的输入信号进行"与""或""非"等基本逻辑运算与判断,然后将结果通过开关量输出通道向执行机构发出控制指令,即可实现顺序控制;对于按时序工作的环节(系统),由计算机产生必要的时序信号,再判断按工艺要求规定的时间间隔是否已到,判断结果通过开关量输出通道输出,控制执行器动作,从而实现顺序控制。

开关量控制的特点如下:

①为了完成某一特定任务,常常需要进行多个被控对象的多步动作的控制。

②动作有比较固定的规律,而且不随意改变。

③动作有时不仅根据条件进行,还要根据前一个动作的持续时间去进行。

④动作通常是有始有终或周期性的。

5.4.5 开关量输入的实现

PCI-1710 采集卡提供有 16 路开关量输入通道。因为一路开关量信号只要用一位二进制数即可表示,所以 16 路开关量输入通道就需对应两个八位寄存器。由表 5-1 可知,16 路开关量输入所对应的端口地址为 BASE+16 和 BASE+17。开关量输入通道号与寄存器各位的对应关系如表 5-2 所示。

表 5-2 开关量输入通道号与寄存器各位的对应关系

BASE+16	D7	D6	D5	D4	D3	D2	D1	D0
DI 低字节	DI7	DI6	DI5	DI4	DI3	DI2	DI1	DI0

BASE+17	D7	D6	D5	D4	D3	D2	D1	D0
DI 高字节	DI15	DI14	DI13	DI12	DI11	DI10	DI9	DI8

若输入信号接在 0~7 号输入通道,则实现语句为:

DI_in=_inp(BASE+16);

若输入信号接在 8~15 号输入通道,则实现语句为:

DI_in=_inp(BASE+17);

例 开关量输入的简单程序。

```
#include <windows.h>
#include <iostream>
#include <conio.h>
#include "winio.h"                      //winio 头文件
#pragma comment(lib,"winio.lib")        //包含 winio 库
using namespace std;
void main(void)
{
    unsigned short BASE= 0xE880;
    int iPort=16;
    //初始化 WinIo
    if (! InitializeWinIo())
        {
        cout<<"Error In InitializeWinI!"<<endl;
        exit(1);
        }
    int DI_data;
    DI_data =_inp(BASE+iPort);
    cout<<" DI_data "<<"="<< DI_data<<endl;
    ShutdownWinIo();                      //关闭 WinIo
}
```

5.4.6 开关量输出的实现

PCI-1710 采集卡提供有 16 路开关量输出通道。因为一路开关量控制信号只要用一位二进制数即可表示,所以 16 路开关量输出通道就需对应两个八位寄存器。由表 5-1 可知,16 路开关量输出所对应的端口地址为 BASE+16 和 BASE+17。开关量输出通道号与寄存器各位的对应关系如表 5-3 所示。

表 5-3 开关量输出通道号与寄存器各位的对应关系

BASE+16	D7	D6	D5	D4	D3	D2	D1	D0
D0 低字节	D07	D06	D05	D04	D03	D02	D01	D00

BASE+17	D7	D6	D5	D4	D3	D2	D1	D0
D0 高字节	D015	D014	D013	D012	D011	D010	D09	D08

若输出信号由 0~7 号输出通道输出,则实现语句为:

```
_outp(BASE+16,out_data);
```

若输出信号由 8~15 号输出通道输出,则实现语句为:

```
_outp(BASE+17,out_data);
```

5.5　模拟量的输入、输出通道

5.5.1　模拟量的概念

在某一时间段,时间与幅值都是连续的量称为模拟量。例如,在工业系统中,力、温度、位移、流量、压力、温度、速度等量都是模拟量。

在工业生产中,需要测量和控制的量往往是模拟量。为了利用计算机实现对工业生产过程的自动监测和控制,首先要能够将生产过程中监测设备输出的连续变化的模拟量转变为计算机能够识别和接受的数字量;其次,还要能够将计算机发出的控制命令转换为相应的模拟信号,去驱动模拟执行机构。这样两个过程,就需要由模拟量的输入和输出通道来完成。

5.5.2　模拟量输入通道的功能及组成

模拟量输入通道的功能是把被控对象的模拟量信号转换成计算机可以接收的数字量信号。模拟量输入通道一般由多路开关、前置放大器、采样保持器、A/D 转换器、接口和控制电路等组成,其核心是 A/D 转换器,所以,模拟量输入通道也简称为 A/D 通道。模拟量输入通道的组成如图 5-17 所示。

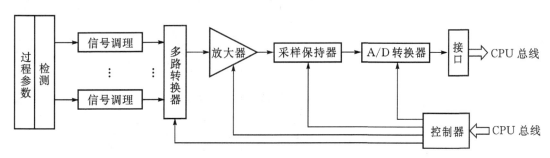

图 5-17　模拟量输入通道的组成

1. 信号调理

信号调理是整个控制系统中很重要的一环,关系到整个系统的精度。信号调理主要包括:小信号放大、信号滤波、信号衰减、阻抗匹配、电平变换、非线性补偿、频/压转换、电流/电压转换等。

2. 多路转换器

由于计算机的工作速度远远快于被测参数的变化,因此一台计算机系统可供几十个检测回路使用,但计算机在某一时刻只能接收一个回路的信号。所以,必须通过多路模拟开关实现多选一的操作,将多路输入信号依次地切换到后级电路。多路转换器把各路模拟量分时接到同一 A/D 转换器进行转换,实现了 CPU 对各路模拟量分时采样。

3. 可编程增益放大器

当多路输入的信号源电平相差较悬殊时,用同一增益的放大器去放大,就有可能使低电平信号测量精度降低,而高电平信号则可能超出 A/D 转换器的输入范围。采用可编程增益放大器,可通过程序来调节放大倍数,使 A/D 转换信号满量程达到均一化,以提高多路数据采集的精度。

4. 采样保持器

当某一通道进行 A/D 转换时,由于 A/D 转换需要一定的时间,如果输入信号变化较快,而 A/D 转换都要花一定的时间才能完成转换过程,这样就会造成一定的误差,使转换所得到的数字量不能真正代表发出转换命令那一瞬间所要转换的电平。采用采样保持器对变化的模拟信号进行快速"采样",在保持期间,启动 A/D 转换器,从而保证 A/D 转换时的模拟输入电压恒定,确保 A/D 转换精度。

(1) 采样

采样是把在时间上连续的输入模拟信号 $y(t)$ 转换成在时间上断续的信号 $y^*(t)$,输出脉冲波的包络仍反映输入信号幅度的大小。

① 采样过程:按一定的时间间隔 T,把时间上连续和幅值上也连续的模拟信号,转变成在时刻 $0,T,2T,\cdots,kT$ 的一连串脉冲输出信号的过程称为采样过程,时间间隔 T 称为采样周期,如图 5-18 所示。

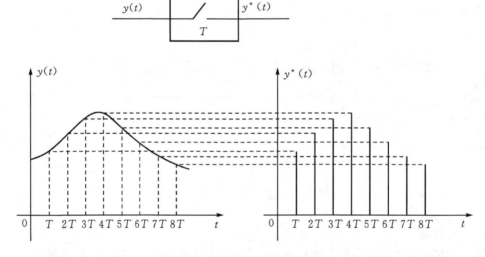

图 5-18　模拟信号采样过程图示

由采样过程可以看出,获得的采样信号仅保留了原模拟信号采样瞬间幅值的大小,而在采样间隔,原模拟信号的幅值信息丢失掉了。由经验可知,采样频率(采样周期的倒数)越高,采样信号 $y^*(t)$ 越接近原信号 $y(t)$,但若采样频率过高,在实时控制系统中将会把许多宝贵的时间用在采样上,从而失去了实时控制的机会。为了使采样信号 $y^*(t)$ 既不失真,又不会因频率太高而浪费时间,我们可依据香农采样定理进行采样。

② 香农采样定理:为了使采样信号 $y^*(t)$ 能复现原信号 $y(t)$,采样频率 f 至少要为原信号最高频率 f_{max} 的两倍,即:

$$f \geqslant 2f_{max} \tag{5-1}$$

采样定理给出了 $y^*(t)$ 唯一地复现 $y(t)$ 所必需的最低采样频率。一般实际应用中保证

采样频率为原信号最高频率的 5～10 倍,即:

$$f \geqslant (5 \sim 10) f_{\max} \tag{5-2}$$

③采样周期的选定:采样定理给出了采样周期的理论上限值,而在理论上,采样周期 T 越小,由离散信号复现连续信号的精度越高,当 $T \to 0$ 时,离散系统或数字系统就变为连续系统了。但是,在实际系统操作中,采样周期并非越小越好,而是有一个限度。应注意,设备输入/输出、计算机执行程序都需要耗费时间,因此,每次采样间隔不应小于设备输入/输出及计算机执行程序的时间,这是采样周期的下限值 $T_{\min}$,故采样周期应满足:

$$T_{\min} \leqslant T \leqslant T_{\max} \tag{5-3}$$

采样周期太小或太大,对系统都是不利的,若 T 太小,会增加计算机的计算负担,而且两次采样的间隔太短,偏差变化太小,使控制器的输出变化不大且调节过于频繁,会使某些执行机构不能及时响应;若 T 太大,调节间隔长,会使动态特性变差,而且干扰输入也得不到及时调节,使系统动态品质恶化,对某些系统,较大的采样周期将导致系统不稳定。因此,采样周期的选择要兼顾系统的动态性能指标、抗干扰能力、计算机的运算速度、执行机构的动作快慢等因素综合考虑。

(2)保持器

保持器的作用是在 A/D 对模拟量进行量化所需的转换时间内,保持采样点的数值不变,以保证 AD 转换精度。采样保持电路如图 5-19 所示。

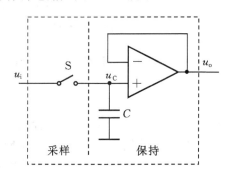

图 5-19　采样保持电路

在图 5-19 所示的采样保持电路中,当开关闭合时,电容快速充电,$u_C = u_i$,u_o 跟随 u_C,即 $u_o = u_i$;当 K 断开时,u_o 保持 u_C。

保持器在采样期间,不启动 A/D 转换器,而一旦进入保持期间,则立即启动 A/D 转换器,从而保证 A/D 转换时的模拟输入电压恒定,以确保 A/D 转换精度。

5. A/D 转换器

A/D 转换器是将模拟信号转换成数字信号的器件,A/D 转换过程也就是幅值量化的过程,就是采用一组二进制码来逼近离散模拟信号的幅值,将其转换为数字信号。二进制数的大小和量化单位有关。

(1)量化单位

字长为 n 的 A/D 转换器,其最低有效位(LSB)所对应的模拟量 q 称为量化单位。

$$q = \frac{\text{Range}}{2^n - 1} \quad (\text{V}) \tag{5-4}$$

公式(5-4)中：

Range——表示 A/D 转换器允许的输入电压范围；

n——是指 A/D 转换后表示数字信号的二进制数的位数。

（2）量化过程

量化过程就是以 q 为单位去度量采样信号值的归整过程。如图 5-20 所示。

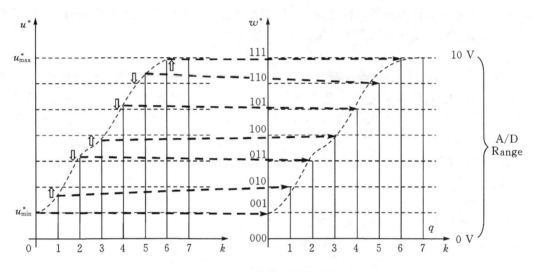

图 5-20　量化过程示意图

由图 5-20 可以看出，有的幅值大小可以由量化单位 q 的整数倍准确表示，有的需近似表示。近似可通过四舍五入法实现。

（3）量化误差

由于量化过程是一个归整过程，因而存在量化误差，四舍五入法的量化误差为 $(\pm 1/2)q$。

A/D 转换器的量程应能够包括信号的幅值范围，量化单位应远小于信号的幅值范围，否则，量化过程的分辨能力会降低。当信号很弱时，信号的幅值范围可能和量化单位处于同一数量级，有时甚至小于量化单位，这样，A/D 转换器就不能分辨信号的变化。因此，在信号调理阶段，常对被测信号进行电压放大等预处理，以适合 A/D 转换的量程，或者调整可编程放大器的增益或改变 A/D 转换器的量程来适应信号调理电路的输出。

（4）A/D 转换触发方式

A/D 转换器在开始转换前，必须加一个触发信号，才能开始工作。常见的触发方式有以下三种：软件触发，板上定时触发，外部脉冲触发。

（5）转换结束的判断与传输方式

在 A/D 转换器中，当计算机给 A/D 转换器发一个触发信号后，A/D 转换器开始转换，经过一段时间后，A/D 转换才可能结束。只有在 A/D 转换结束后，才能正确读取转换的数据。判断 A/D 转换结束的方法有以下三种。

①中断方式。转换完成后，A/D 转换器主动向 CPU 发出中断请求，CPU 查询到中断申请并响应后，在中断服务程序中读取数据。其特点是中断方式使 A/D 转换器与计算机的并行工作。常用于实时性要求比较强或多参数的数据采集系统。

②查询方式。CPU 主动查询 A/D 转换完成标志位，若完成，从端口读取结果。其特点是

程序设计比较简单,实时性也较强,应用最多。

查询方式软件编程步骤:

· 计算机向 A/D 转换器发出触发信号。

· 查询 A/D 转换结束标志位。

· 未结束,继续查询。

· 结束,读出结果数据。

在本章的学习中,我们采用软件触发 A/D 转换、以查询方式进行数据传输。

③DMA 方式。DMA 传输方式无需 CPU 直接控制传输,也没有中断处理方式那样保留现场和恢复现场的过程,通过硬件为 RAM 与 I/O 设备开辟一条直接传送数据的通路,使 CPU 的效率大为提高。

6. 编码

n 位二进制数可以表示 2^n 个数值,明确规定这 2^n 个二进制数中每一个数所对应的原信号值,这就是对信号进行编码。

对于 12 位的 PCI - 1710 采集卡,数字量与模拟量的对应关系如表 5 - 4 所示。

表 5 - 4　12 位采集卡数字量与模拟量的对应关系

二进制数	十进制数	双极性 －10～＋10 V 量程	单极性 0～＋20 V 量程
1111 1111 1111	4095	＋10 V	20 V
1111 1111 1110	4094		
…	…	…	…
0111 1111 1111	2047	0 V	10 V
…	…	…	…
0000 0000 0001	1		
0000 0000 0000	0	－10 V	0 V

5.5.3　模拟量输入的实现

以 PCI - 1710 采集卡为例,介绍模拟量的输入过程的实现。

工业现场的模拟量状态信息经传感器获取、信号调理电路处理后,再通过模拟量输入通道完成 A/D 转换,生成数字量信号才能输入计算机。在此过程中,由图 5 - 17 可知,需解决以下问题:对 16 路模拟量输入信号来说,在某一时刻,要决定对哪一路信号进行采集;对幅值不同的各路输入信号共用一个 A/D 转换器,那么,如何提高输入信号的 A/D 转换精度;如何触发 A/D 转换;怎样判断 A/D 转换完成;转换完成后怎样读数;所读取的数字量信号与实际的模拟量信号的对应关系怎样? 下面结合具体使用的寄存器,针对提出的各问题,介绍如何通过编程来解决各问题、实现各功能。

1. 通道的选择

实现通道的选择,由多路转换控制寄存器 BASE＋4 和 BASE＋5 来完成。多路转换控制寄存器 BASE＋4 和 BASE＋5 的数据格式及数据格式说明分别见表 5-5 和表 5-6。

表 5-5　多路转换控制寄存器 BASE＋4 和 BASE＋5

Bit#	7	6	5	4	3	2	1	0
BASE＋5					STO3	STO2	STO1	STO0
BASE＋4					STA3	STA2	STA1	STA0

表 5-6　多路转换控制寄存器数据格式说明

STA3～STA0	开始扫描通道编号
STO3～STO0	停止扫描通道编号

寄存器低 4 位表示的范围为 0000～1111,即 0～15,共 16 个数,分别表示 0～15 模拟量输入通道。

当选择单端输入方式时,开始扫描通道编号与停止扫描通道编号是一致的,例如选择模拟量输入 0 号通道输入时,控制字为:

Bit#	7	6	5	4	3	2	1	0
BASE＋5					0	0	0	0
BASE＋4					0	0	0	0

实现语句为:

_outp(BASE＋4,0);

_outp(BASE＋5,0);

2. 通道信号输入范围及增益的设定

设置通道范围及增益大小由寄存器 BASE＋2 来完成。寄存器 BASE＋2 的数据格式及数据格式说明分别见表 5-7 和表 5-8。增益码见表 5-9。

表 5-7　设置通道范围及增益的寄存器 BASE＋2

Bit#	7	6	5	4	3	2	1	0
BASE＋2			S/D	B/U		G2	G1	G0

表 5-8　寄存器 BASE＋2 数据格式说明

S/D	单端或差分	0 表示通道为单端,1 表示通道为差分
B/U	双极或单极	0 表示通道为双极,1 表示通道为单极
G2 to G0	增益码	

表 5 - 9　PCI - 1710 增益码

增益	输入范围/V	B/U	增益码		
			G2	G1	G0
1	−5~+5	0	0	0	0
2	−2.5~+2.5	0	0	0	1
4	−1.25~+1.25	0	0	1	0
8	−0.625~+0.625	0	0	1	1
0.5	−10~10	0	1	0	0

当选择单端双极性输入,输入范围为−10~+10 V时,控制字为:

Bit#	7	6	5	4	3	2	1	0
BASE+2			0	0		1	0	0

实现语句为:

_outp(BASE+2,0x04);

3. A/D 触发模式的选择

选择触发模式由控制寄存器 BASE+6 来完成,控制寄存器 BASE+6 的数据格式及数据格式说明分别见表 5 - 10 和表 5 - 11。

表 5 - 10　控制寄存器 BASE+6

Bit#	7	6	5	4	3	2	1	0
BASE+6	AD16/12	CNT0	CNE/FH	IRQEN	GATE	EXT	PACER	SW

表 5 - 11　控制寄存器 BASE+6 数据格式说明

SW	软件触发启用位	设为 1 可启用软件触发,设为 0 则禁用
PACER	触发器触发启用位	设为 1 可启用触发器触发,设为 0 则禁用
EXT	外部触发启用位	设为 1 可启用外部触发,设为 0 则禁用
GATE	外部触发门功能启用位	设为 1 可启用外部触发门功能,设为 0 则禁用
IRQEN	中断启用位	设为 1 可启用中断,设为 0 则禁用
ONE/FH	中断源位	设为 0 将在发生 A/D 转换时生成中断,设为 1 则在 FIFO 半满时生成中断
CNT0	计数器 0 时钟源选择位	0 表示计数器 0 的时钟源为内部时钟(100 kHz)、1 表示计数器 0 的时钟源为外部时钟(最大可达 10 MHz)

注:用户不能同时启用软件触发、触发器触发和外部触发。

当选择软件触发方式时,控制字为:

Bit#	7	6	5	4	3	2	1	0
BASE+6	0	0	0	0	0	0	0	1

实现语句为：

_outp(BASE＋6,0x01);

4. 软件触发 A/D 转换

如果选择软件触发 A/D 转换,则向寄存器 BASE＋0 写入任意数据就可以触发 A/D 转换。寄存器 BASE＋0 的数据格式如表 5−12 所示。

表 5−12　寄存器 BASE＋0

Bit＃	7	6	5	4	3	2	1	0
BASE＋0								

例如,实现语句可以写为：

_outp(BASE＋0,0);

5. A/D 转换是否完成的判定

FIFO 缓存器应用在数据采集卡上,主要用来存储 A/D 转换后的数据。FIFO 缓存器处于何种状态,由状态寄存器 BASE＋7 的内容来显示。状态寄存器 BASE＋7 的数据格式及数据格式说明分别见表 5−13 和表 5−14。

表 5−13　状态寄存器 BASE＋7

Bit＃	7	6	5	4	3	2	1	0
BASE＋7	CAL				IRQ	F/F	F/H	F/E

表 5−14　状态寄存器 BASE＋7 数据格式说明

F/E	FIFO 空标志	此位用于指标 FIFO 是否为空,1 表示 FIFO 为空
F/H	FIFO 半满标志	此位用于指标 FIFO 是否为半满,1 表示 FIFO 半满
F/F	FIFO 满标志	此位用于指标 FIFO 是否为满,1 表示 FIFO 为满
IRQ	中断标志	此位用于指示中断状态,1 表示已发生中断

在数据采集程序开始运行之初,先对 FIFO 缓存器清零,当 A/D 转换完成后,状态寄存器 BASE＋7 便显示 FIFO 缓存器处于非空状态,即寄存器 BASE＋7 最低位为 0。

实现语句为：

while(Status＝＝1)

{

Status＝(_inp(BASE＋7))&0x01;

}

if(Status＝＝0)

{

......

}

6. A/D 转换完成后数据的读取

BASE＋0 和 BASE＋1 这两个寄存器保存 A/D 转换数据。A/D 转换的 12 位数据存储在

BASE＋1 的位 3～位 0,以及 BASE＋0 的位 7～位 0。BASE＋1 的位 7～位 4 保存源 A/D 通道的编号,见表 5－15 和表 5－16。

表 5－15　A/D 数据寄存器 BASE＋0 和 BASE＋1

Bit#	7	6	5	4	3	2	1	0
BASE＋1	CH3	CH2	CH1	CH0	AD11	AD10	AD9	AD8
BASE＋0	AD7	AD6	AD5	AD4	AD3	AD2	AD1	AD0

表 5－16　A/D 数据寄存器数据格式说明

AD11～AD0	A/D 转换结果	AD0 是 A/D 数据中最低有效位(LSB),AD11 则是最高有效位(MSB)
CH3～CH0	A/D 通道编号	CH3～CH0 保存接收数据的 A/D 通道的编号,CH3 为 MSB,CH0 为 LSB

实现语句为:

tmp＝_inpw(BASE＋0);

adData＝tmp&0xfff;

7. 代码转换

读取的数值与原信号值的对应关系由下面公式(5－5)可得

$$V\_out ＝ adData * 20.0/4095 － 10.0 \tag{5－5}$$

式(5－5)中:

adData——为读取的数值;

V_out——为原信号值。

5.5.4　模拟量输出通道的功能及组成

计算机控制系统中,模拟量输出通道所要完成的功能是把计算机输出的数字量控制信号转换为模拟电压或电流信号,以便驱动相应的执行机构,从而达到控制的目的。

模拟量输出主要由 D/A 转换器和输出保持器组成。多路模拟量输出通道的结构形式,主要取决于输出保持器的结构形式,保持器一般有数字保持方案和模拟保持方案两种,这就决定了模拟量输出通道的两种基本结构形式。

1. 一个通路设置一个 D/A 转换器(结构如图 5－21 所示)

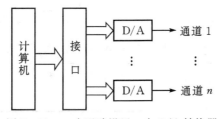

图 5－21　一个通路设置一个 D/A 转换器

该结构的优点是转换速度快、工作可靠。其缺点是使用较多的 D/A 转换器。

2. 多个通路共用一个 D/A 转换器（结构如图 5-22 所示）

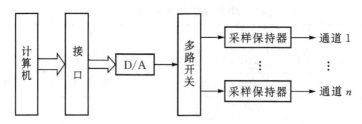

图 5-22　多个通路共用一个 D/A 转换器

该结构的优点是节省了 D/A 转换器。其缺点是计算机分时工作,工作可靠性差。

在本章的学习中,我们采用的 PCI-1710 数据采集卡的模拟量输出通道采用的是一个通路设置一个 D/A 转换器的结构形式。

5.5.5　模拟量输出的实现

1. D/A 参考源的选择

D/A 参考源的选择由寄存器 BASE+14 来完成,寄存器 BASE+14 的数据格式和数据格式说明分别见表 5-17 和表 5-18。

表 5-17　用于设置 D/A 参考源的寄存器 BASE+14

Bit#	7	6	5	4	3	2	1	0
BASE+14					DA1_I/E	DA1_5/10	DA0/I/E	DA0_5/10

表 5-18　寄存器 BASE+14 数据格式说明

DA0_5/10	内部参考电压 用于 D/A 输出通道 0	此位控制用于 D/A 输出通道 0 的内部参考电压。0 表示内部参考电压为 5 V,1 表示 10 V
DA0_I/E	内部或外部参考电压 用于 D/A 输出通道 0	此位指标用于 D/A 输出通道 0 的参考电压为内部还是外部。0 表示参考电压来自内部源,1 表示来自外部源
DA1_5/10	内部参考电压 用于 D/A 输出通道 1	此位控制用于 D/A 输出通道 1 的内部参考电压。0 表示内部参考电压为 5 V,1 表示 10 V
DA1_I/E	内部或外部参考电压 用于 D/A 输出通道 0	此位指示用于 D/A 输出通道 1 的参考电压为内部还是外部。0 表示参考电压来自内部源,1 表示来自外部源

当选择 0 号输出通道,参考电压来自内部源,参考电压为 5 V 时,控制字为:

Bit#	7	6	5	4	3	2	1	0
BASE+14							0	0

实现语句为：

_outp(BASE＋14,0);

2. 代码转换

参考电压选择 5 V 时,输出的电压值与其对应的数字量的关系由下公式(5－6)可得：

$$outData = fVoltage * 4095/5 \tag{5-6}$$

式(5－6)中：

fVoltage——为输出的电压值；

outData——为对应的数字量。

3. 数据的输出

对于模拟量数据的输出,选择的输出通道不同,所用的数据寄存器就不同。

①D/A 输出 0 号通道。所用的数据寄存器为 BASE＋10 和 BASE＋11。BASE＋10 和 BASE＋11 的数据格式见表 5－19。

表 5－19　D/A 数据寄存器 BASE＋10 和 BASE＋11

Bit#	7	6	5	4	3	2	1	0
BASE＋11					DA11	DA10	DA9	DA8
BASE＋10	DA7	DA6	DA5	DA4	DA3	DA2	DA1	DA0

②D/A 输出 1 号通道。所用的数据寄存器为 BASE＋12 和 BASE＋13。BASE＋12 和 BASE＋13 的数据格式见表 5－20。

表 5－20　D/A 数据寄存器 BASE＋12 和 BASE＋13

Bit#	7	6	5	4	3	2	1	0
BASE＋13					DA11	DA10	DA9	DA8
BASE＋12	DA7	DA6	DA5	DA4	DA3	DA2	DA1	DA0

实现语句：

Hbyte＝(outData＞＞8)&0x000f;

Lbyte＝outData &0x00ff;

_outp(Base＋10＋port * 2, Lbyte);

_outp(Base＋11＋port * 2, Hbyte);

5.6　训练内容

5.6.1　训练用 DI/DO 电路板介绍

DI/DO 电路板有两种训练板,如图 5－23 DI/DO 电路板 1、图 5－24 DI/DO 电路板 2 所示。

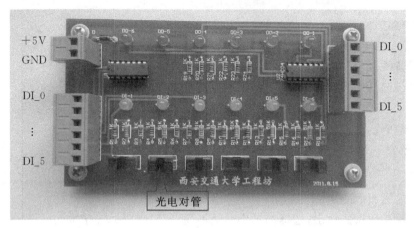

图 5-23 DI/DO 电路板 1 实物图

在 DI/DO 电路板 1 上,有六个光电对管,用来模拟来自工业现场的开关量,光电对管相应位置上的绿色发光二极管用来表示光电对管的状态,当光电对管通光时,相应位置上的绿色发光二极管点亮;当光电对管遮光时,相应位置上的绿色发光二极管熄灭。红色发光二极管用来模拟工业现场的受控开关量状态,当发出的控制量为 1 时,相应位置上的红色发光二极管点亮;当发出的控制量为 0 时,相应位置上的红色发光二极管熄灭。

在 DI/DO 电路板 2 上,有六个不同的开关量传感器,如图 5-24 所示,用光电对管、光敏二极管、微动开关、干簧管、行程开关、金属接近开关等用来模拟来自工业现场的开关量,相应位置上的绿色发光二极管用来表示开关量传感器的状态;用红色发光二极管、蜂鸣器和继电器等用来模拟工业现场的受控开关量的状态。

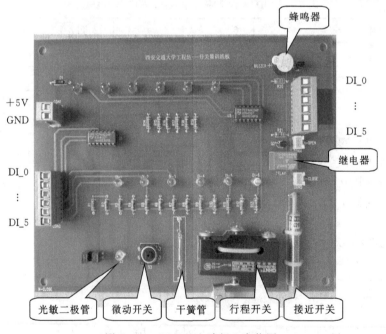

图 5-24 DI/DO 电路板 2 实物图

5.6.2　基础训练

开关量输入、输出基础训练接线图,如图 5 - 25 所示,任选一种开关量训练板连接线路。

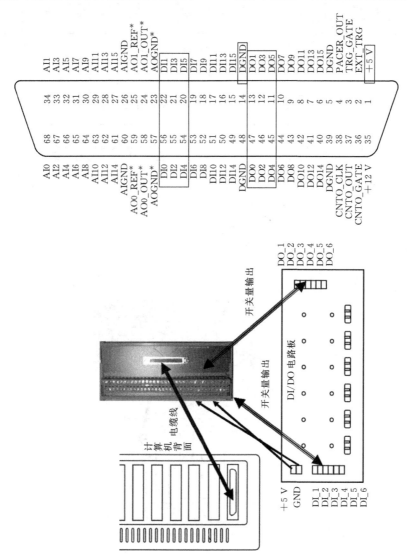

图 5 - 25　开关量输入输出训练接线图

①运行例 1 开关量的输入程序,熟悉 WinIO 库的使用,熟悉 I/O 端口读函数的应用;

②仿照例 1,应用 I/O 端口写函数,试编写开关量的输出程序,实现红色发光二极管亮暗的控制。

③运行例程 DItest.cpp 程序(见附录 4)。单步执行程序,获取 DI/DO 电路板上开关量的传感器的状态,观察 watch 区域中有关变量值的变化。

④运行例程 DOtest.cpp 程序(见附录 5)。单步执行程序,给出输出,控制 DI/DO 电路板上红色发光二极管的状态,观察"watch"区域中有关变量值的变化。

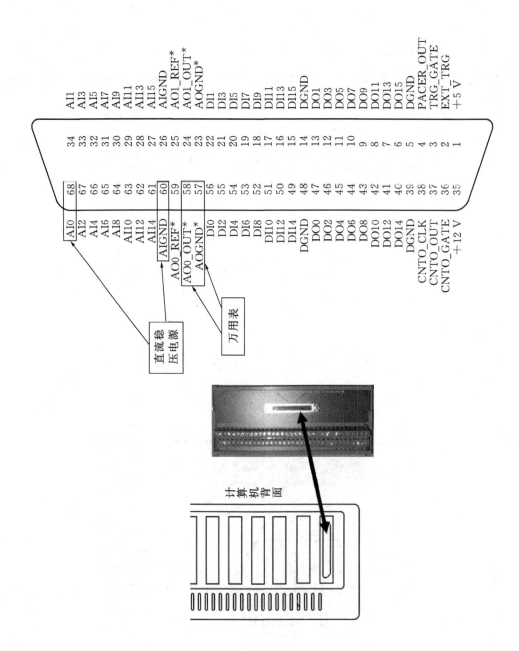

图 5 - 26　模拟量输入输出基础训练接线图

模拟量输入输出基础训练接线图,如图 5 - 26 所示,按图正确连接线路。

⑤运行例程 AItest. cpp 程序(见附录 6)。执行程序,该程序将一个直流电压信号采入计算机,以数字形式显示,程序运行中,利用"watch"区域观察有关变量的值,确认程序中的关键语句及其作用。

⑥运行例程 AOtest. cpp 程序(见附录 7)。执行程序,由键盘键入需要输出的直流电压值(0~+5 V)。用万用表在相应输出通道接线端测量,利用"watch"区域观察有关变量的值,确认并记录程序中的关键语句及其作用。

⑦编写 AD 子程序(改写原有 AItest. cpp 程序)

float AD (int channel)　　/ * 0—15 * /

{……}

⑧编写 DA 子程序(改写原有 AOtest. cpp 程序)

DA(int channel, float vout)　/ * 0—1;0—5 V * /

{……}

▶ 5.6.3　综合训练

①光电对管遮光控制 LED 指示灯。

编写程序,采用 DI/DO 电路板 1 实现如下功能:遮挡某一光电对管时(绿灯显示其状态),相应位置上的红色 LED 熄灭。

具体要求:

· 做到实用控制。

· 避免程序死循环。

②城市公交车经常严重超员,请为自动刷卡公交车设计限制超员管理程序,并在 DI/DO 自然板上模拟运行。

具体要求:

· 上下车人员计数。

· 设定车内人员限额。

· 人员满额限制刷卡,禁止上车。

③皮带传输线控制。皮带传输线电动机拖动装置由 M1、M2、M3 三台电动机组成。启动时,为了避免在前段传输皮带上造成物料堆积,要求逆物流方向按一定的时间间隔顺序启动,其启动顺序为:M1→M2→M3 顺序启动,级间间隔时间为 3 s。停车时,为了使传输皮带上不残留物料,要求顺物流方向按一定的时间间隔顺序停止,其停止顺序为:M3→M2→M1 顺序停车,级间间隔时间为 3 s。并且要求:

· 紧急停车时,无条件地将 M1、M2、M3 立即全部同时停车。

· 任何一台电动机发生过载时,其保护停车应该按上述顺序进行。

④请参阅附录 8,熟悉电梯结构及控制原理。试以电梯为控制对象、以计算机为控制器编写控制程序,并在透明电梯模型上运行。

⑤编写程序实现以下功能:直流稳压电源输出 5 V 电压,经 AI 通道采集,转换后,显示在屏幕上,采集的值再经由 AO 通道输出,用万用表在相应的 AO 输出通道端测量,试比较 AI 采集值与 AO 输出值。

⑥编写程序实现由 AO 输出通道输出方波、三角波或正弦波。

5.6.4 拓展训练

1. 信号的显示

信号显示训练板如图 5-27 所示，由八位开关量控制两位数码管显示，其中低四位（DO0～DO3）控制低位数码管，高四位（DO4～DO7）控制高位数码管。单一数码管显示范围为 0～9。参见附录 9。

图 5-27 信号显示训练板实物图

①请编写程序，实现两位数码管显示十进制数 00～99。
②编写小区车库管理程序，要求：
• 在 DI/DO 训练板上任选两只光电对管，模拟入库门和出库门。
• 设定车库车位数目。
• 利用信号显示训练板数码管动态显示当前车库剩余车位。

2. DO 驱动

DO 驱动训练板，如图 5-28 所示，其电路为一个开关量控制直流电机正反转的电路，电机启/停控制电路通过电机启/停控制输入端输入高/低电平控制电机两端是否加电以实现电机的启/停控制；电机正/反转控制电路通过电机正/反转控制输入端输入高/低电平控制电机接入端电压极性的改变以实现电机正/反转控制；驱动电路利用三极管对电流放大，以确保继电器常开触点可靠吸合。参见附录 10。

（1）电机启/停和正/反转控制
按照图 5-29 所示接线，接线提示如下：
• 将端口 1 与端口 2 连接，端口 3 和＋5 V 连接。
• ＋5 V 由直流稳压电源提供，电源地接板子 GND2。
• 任选两路开关量输出通道输出开关量控制信号分别接"电机启/停控制输入端"和"电机

正/反转控制输入端"，开关量控制信号的地接板子 GND1。

　　• 电机接入端连接万用表的两个测量表笔。

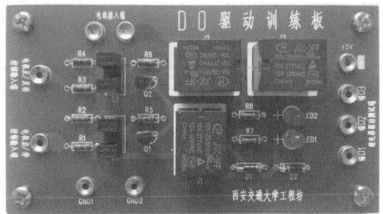

图 5 - 28　DO 驱动训练板

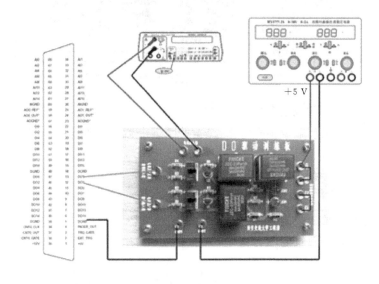

图 5 - 29　电机启/停与正/反转控制接线图

　　按照下面提示操作并观察现象：

　　①给"电机启/停控制输入端"输入低电平信号，观察 LED2 的亮暗、并仔细聆听有无继电器吸合的声音。

　　②给"电机启/停控制输入端"输入高电平信号，观察 LED2 的亮暗、并仔细聆听有无继电器吸合的声音。

　　③在"电机启/停控制输入端"输入高电平信号的情况下，先后给"电机正/反转控制输入端"输入高电平信号、低电平信号，用万用表观察电机两个接入端电压极性的变化，同时观察 LED1 的亮暗变化。

　　（2）"继电器直接加计算机输出的控制信号"现象观察

　　按照图 5 - 30 所示接线，接线提示如下：

　　• 将端口 1 和端口 2 断开，端口 3 和＋5 V 断开。

- ＋5 V 由直流稳压电源提供,电源地接板子 GND2。
- 在端口 2 和端口 3 两端加开关量控制信号,任选 1 路开关量输出通道输出端接端口 3,开关量控制信号的地接端口 2。

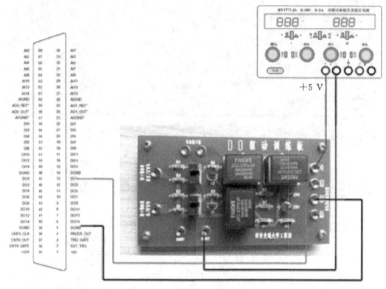

图 5 - 30　继电器直接接控制信号连线图

按照下面提示操作并观察现象:

开关量输出通道输出端输出高电平,注意聆听继电器有无吸合声,观察 LED2 能否点亮。

5.7　本章小结

- 过程通道是计算机控制系统的重要组成部分。
- 过程通道包括开关量的输入通道、开关量的输出通道、模拟量的输入通道、模拟量的输出通道。
- 介绍了开关量的输入通道、开关量的输出通道的功能;结合 PCI - 1710 采集卡,介绍了开关量输入、开关量输出的实现方法。
- 介绍了模拟量的输入通道、模拟量的输出通道的功能;结合 PCI - 1710 采集卡,介绍了模拟量输入、模拟量输出的实现方法。

附录 1　常用元器件

任何复杂电路都是基本元器件构成的,了解元器件基本特性和作用对分析电路工作是十分重要的。本附录简单介绍了电阻器、电容器、二极管的电路符号、主要作用、标识方法和主要特性参数。

F1.1 电阻器

电阻器简称为电阻,在电路中用字母 R 表示。电阻在电路中对电流有阻碍作用并且造成能量的消耗,图 F1-1 是电阻的原理图符号,图 F1-2 给出了部分常用电阻的实物图片。

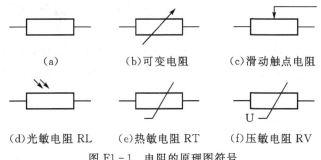

(a)　　　(b)可变电阻　　　(c)滑动触点电阻

(d)光敏电阻 RL　　(e)热敏电阻 RT　　(f)压敏电阻 RV

图 F1-1　电阻的原理图符号

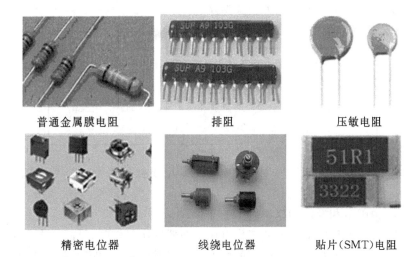

普通金属膜电阻　　　　排阻　　　　压敏电阻

精密电位器　　　　线绕电位器　　　贴片(SMT)电阻

图 F1-2　常用电阻实物

1. 电阻的主要作用

①限流:为了使通过用电器的电流不超过额定值,通常在电路中串联一个电阻。这种可以

限制电流大小的电阻叫做限流电阻。

②分流：当在电路的支路上需同时接入几个额定电流不同的用电器时，可以在额定电流较小的用电器两端并联接入一个电阻，该电阻的作用是分流。

③分压：当工作电源高于用电器的额定电压时，给该用电器串联一个适当阻值的电阻，让它分担一部分电压，用电器便能在额定电压下工作。

④能量转换：电流通过电阻时，会把部分或全部电能转化为内能。如电烙铁、电炉、取暖器等电热器。

⑤阻抗匹配：信号传输过程中负载阻抗和信源内阻抗之间的特定配合关系。对电子设备互连来说，只要后一级的输入阻抗大于前一级的输出阻抗5～10倍以上，就认为阻抗匹配良好。

2. 电阻的标识

①直标法：将电阻器的标称值用数字和文字符号直接标在电阻本体上，其允许偏差则用百分数表示，未标偏差值的即为±20%的偏差。

②数码标识法：主要用于贴片等小体积的电阻，在四位（或三位）数码中，从左至右的前3位（或前2位）数表示有效数字，最后一位表示0的个数，如：582表示5800 Ω（即5.8 kΩ）、3322则表示33200 Ω（即33.2 kΩ），或者用R表示小数点的位置（R表示0.），如：51R1表示51.1 Ω，R22表示0.22 Ω。

③色环标识法：普通电阻用4环表示，精密电阻用5环表示。放置电阻时色环集中的一端放在左面，电阻的读数从左向右排列，图F1-3所示是用色环标示的精密电阻，其阻值为2560 Ω±2%。

3. 电阻的主要特性参数

①标称阻值：电阻器上面所标示的阻值。

②允许误差：是标称阻值与实际阻值的差值与标称阻值之比的百分数，表示电阻器的精度，电阻的允许误差与精度等级如表F1-1所示。

表 F1-1　电阻的允许误差与精度等级

精度等级	Ⅰ级	Ⅱ级	Ⅲ级
允许误差	±0.5%—0.05 ±1%—0.1(或00) ±2%—0.2(或0)、±5%	±10%	±20%

③额定功率：在正常的大气压力90～106.6 kPa及环境温度为−55～+70 ℃的条件下，电阻长期工作所允许耗散的最大功率。

④额定电压：由阻值和额定功率换算出的电压。

⑤最高工作电压：允许的最大连续工作电压。在低气压工作时，最高工作电压较低。

⑥温度系数：温度每变化1 ℃所引起的电阻值的相对变化。温度系数越小，电阻的稳定性越好。阻值随温度升高而增大的为正温度系数，反之为负温度系数。

⑦电压系数：在规定的电压范围内，电压每变化1 V，电阻的相对变化量。

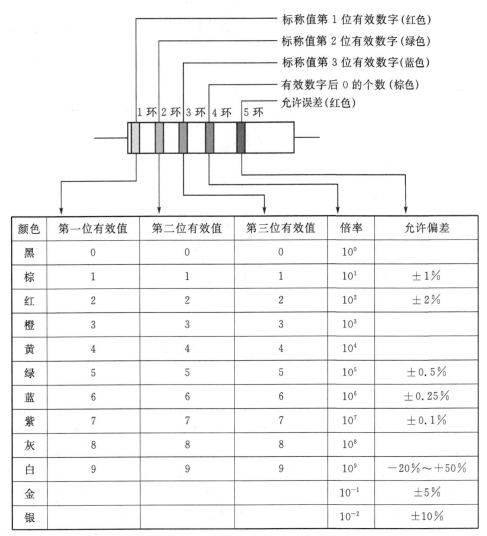

图 F1-3　精密电阻的色环表示

颜色	第一位有效值	第二位有效值	第三位有效值	倍率	允许偏差
黑	0	0	0	10^0	
棕	1	1	1	10^1	$\pm1\%$
红	2	2	2	10^2	$\pm2\%$
橙	3	3	3	10^3	
黄	4	4	4	10^4	
绿	5	5	5	10^5	$\pm0.5\%$
蓝	6	6	6	10^6	$\pm0.25\%$
紫	7	7	7	10^7	$\pm0.1\%$
灰	8	8	8	10^8	
白	9	9	9	10^9	$-20\%\sim+50\%$
金				10^{-1}	$\pm5\%$
银				10^{-2}	$\pm10\%$

F1.2　电容器

　　电容器简称为电容,在电路中用字母 C 表示。电容虽然品种、规格各异,但就其构成原理来说,都是在两块金属极板之间间隔绝缘纸、云母等介质组成。在两块极板上加上电压,极板上就分别聚集等量的正、负电荷,并在介质中建立电场而具有电场能量。将电源移去后,电荷可以继续聚集在极板上,电场继续存在。形象地说电容器就是一种容纳电荷的器件,容量的大小反映其能够贮存电能的大小。

　　图 F1-4 是电容的原理图符号,其中图 F1-4(a)是基本电容符号,图 F1-4(b)是可调电容符号,图 F1-4(c)是微调电容符号,图 F1-4(d—f)是电解电容(有极性电容)符号,弯片表示负极,空心表示正极。图 F1-5 给了出部分常用电容的实物图片。

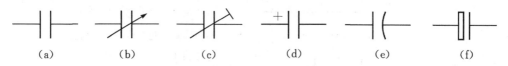

图 F1-4　电容的原理图符号

图 F1-5　部分常用电容的实物图片

1. 电容的主要作用

电容器的基本特性是充电与放电。充放电时电容极板上所带电荷对定向移动的电荷具有阻碍作用，这种阻碍作用被称为容抗，在电路中用 X_C 表示，$X_C = 1/(\omega C)$，单位是欧姆。在理想条件下，当 $\omega = 0$ 时，X_C 趋向无穷大，这说明直流电将无法通过电容，所以电容器具有"隔直流，通交流"的作用；容抗 X_C 与交流信号的角频率 ω 成反比，在电子电路中，常常利用其频率特性"通高频交流信号，阻低频交流信号"；又由于电容可以存储和释放电荷，而存储和释放电荷都需要一定的时间，所以电容可以充当滤波器，使脉动信号变得更为平滑。

电容的充放电作用所延伸出来的许多电路现象，使得电容器有着诸多用途。例如，在家用电器中可以用它来产生相移，将单相交流电变成相互正交的两相交流电，从而使交流电机工作；在照相闪光灯中，用它来产生高能量的瞬间放电；在声光控照明电路中用它和电阻器一起，决定照明路灯延时时间。

2. 电容器的标识

电容单位"F"的容量非常大，所以一般都采用 μF、nF、pF 作为电容的单位。一般情况下，小于 9900 pF 用 p 级表示，大于 0.01 μF 级（含 0.01）用 μF 表示。电容器的标识方法有直标、数字标识、数字字母标识和色标法。

①直标：将标称容量和允许偏差直接标在电容器上，直标法有标注单位和不标注单位两种。直标法中有些常把整数单位的"0"省去用 R 表示小数点，如 R47 μF 表示 0.47 μF。

②数字标识：只标数字而不标单位（仅限单位是 pF 和 μF）。例如，涤纶电容或瓷介电容上标有"3"、"680"、"0.01"分别表示 3 pF、680 pF、0.01 μF。

③数字字母标识：将标称容量的整数部分写在单位之前，小数部分写在单位之后的标示方法。例如 1p2、3n3 分别标示 1.2 pF 、3300 pF。

④色环(或色点)标识:电容器的色标法与电阻相同,不再予以说明。

电容阿拉伯数字后缀的英文字母代表误差值,A:0~±5%,J:±5%,K:±10%,M:±20%,Z:−20%~+50%,如222 K=2200 pF±10%。

3.电容的主要特性参数

①容量与误差:电容量即电容加上电荷后储存电荷的能力大小。电容量误差是指其实际容量与标称容量间的偏差,常用固定电容允许误差的等级见表F1-2。

表 F1-2 常用固定电容允许误差的等级

允许误差	±2%	±5%	±10%	±20%	(+20% −30%)	(+50% −20%)	(+100% −10%)
级别	02	I	II	III	IV	V	VI

②额定工作电压:是该电容在电路中能够长期可靠地工作而不被击穿所能承受的最大直流电压。如果工作电压超过电容的额定工作电压,电容将被击穿,造成不可修复的损坏。

③温度系数:电容器电容量随温度变化的大小用温度系数(在一定温度范围内,温度每变化1 ℃,电容量的相对变化值)来表示。

④绝缘电阻:电容漏电的大小用绝缘电阻来衡量。绝缘电阻越大电容器漏电越小。小电容的绝缘电阻很大,可达几百兆欧或几千兆欧。电解电容器的绝缘电阻一般较小。

⑤损耗:在电场作用下,电容在单位时间内因发热所消耗的能量叫做损耗。理想电容在电路中不应消耗能量。实际上,电容或多或少都要消耗能量。能量的消耗主要由介质损耗和金属部分的损耗组成。

⑥频率特性:电容器的频率特性通常是指电容器的电参数(如电容量、损耗角)随电场频率而变化的性质。由于介电常数在高频时比低频时小,因此在高频下工作的电容器的电容量将相应地减小,损耗将随频率的升高而增加。

4.电容器的检测

(1)电容漏电阻的离线检测

检测之前先给电容放电,用指针式万用表的 R×1k 挡,直接测量电容引脚的漏电阻,万用表指针先向右偏转,然后缓慢地向左回转,指针停下来所指示的漏电电阻值如果只有几十千欧,说明这一电解电容漏电严重(理想情况接近无穷大)。电解电容的容量越大,万用表指针向右摆动的角度就越大(指针还应该向左回转)。

(2)电容开路或击穿的检测

断开电路,并使电容放电。用万用表 R×1 挡,测量时如果万用表指针向右偏后无回转,且指示阻值很大,说明电容器开路。如果表针向右偏转后所指示的阻值很小(接近短路),说明电容器严重漏电或已击穿。

(3)在线带电检测

如果怀疑电解电容只在通电状态下才存在击穿故障,可以给电路通电,然后用万用表直流电压档测量该电容器两端的直流电压,如果电压很低或为0 V,则表示是该电容器已击穿。

(4)电解电容的极性判别

对于电解电容的正、负极标志不清楚的,应先判别出它的正、负极。对调万用表笔红、黑端,测量两次,以漏电大(阻值小)的一次为准,黑表笔所接引脚为负极,另一引脚为正极。

F1.3 半导体二极管

半导体二极管,在电路中用字母 D 表示。其主要特性是单向导电性,也就是在正向电压的作用下,导通电阻很小;而在反向电压作用下导通电阻极大或无穷大。硅管的导通电压为 0.6~0.8 V,锗管的导通电压为 0.2~0.3 V,工程分析时通常采用 0.7 V 作二极管的导通电压值。图 F1-6 是常用半导体二极管的原理图符号,图 F1-7 给了出部分常用二极管的实物图片。

图 F1-6 二极管原理图符号

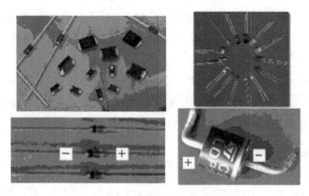

图 F1-7 部分常用二极管实物

1. 二极管的主要作用

正因为二极管具有单向导电性特性,使得它在电子电路中延伸出很多作用,无绳电话机中常把它用在整流、隔离、稳压、极性保护、编码控制、调频调制等电路中。

①开关作用:二极管在正向电压作用下导通之后的电阻很小,相当于开关接通;在反向电压作用下,处于截止状态,如同开关的断开。利用二极管的开关特性,可以组成各种逻辑电路。

②整流作用:利用二极管的单向导电性,可以把方向交替变化的交流电变换成单一方向的脉动直流电。

③限幅作用:二极管正向导通后其压降基本保持不变,利用这一特性,二极管在电路中可作为限幅元件,把信号幅度限制在一定范围内。

④稳压二极管:又称齐纳二极管,在反向击穿电压之前具有很高的阻值。在临界击穿点上,反向电阻会降低到某个很小的值,在这个低阻值区中电流增加而电压则保持恒定。利用这一特性,稳压二极管在电路中被作为电压基准元件或稳压器,使用时必须串接合适的限流

电阻。

⑤发光二极管:简写为 LED,具有普通二极管的特性,它可以把电能转化成光能。小功率发光二极管的反向击穿电压约为 5 V,工作电流为 10～30 mA,正向压降值通常在 1.5～3 V 之间,正向伏安特性曲线很陡,使用时必须串联限流电阻。

⑥光电二极管:也称为光电传感器,是在反向工作电压作用下工作的。无光照时,反向电流(暗电流)极其微弱;有光照时,反向电流(光电流)迅速增大到几十微安。光的变化引起光电二极管电流变化,光的强度越大,反向电流也越大。

⑦变容二极管:加反向工作电压时,变容二极管在电路中相当于可调电容。反向电压变化会引起容量的变化。反向偏压与结电容成反比,在高频调谐、通信等电路中作可变电容器使用。

2. 二极管极性的判别

①小功率二极管的负极(N 极),在二极管外表用一种色圈标出来,有部分产品在二极管管脚的正极(P 极)标注字母“P”,负极标注字母“N”。

②发光二极管的正、负极可从管脚长短来识别,长脚为正极,短脚为负极。

3. 二极管好坏的判别

用指针万用表 R×100 或 R×1 k 的电阻档,测量二极管的正,反向电阻,若两次测得阻值分别为 1 kΩ 左右和 100 kΩ 以上,说明二极管正常,二极管的正向电阻越小越好,反向电阻越大越好。若正向电阻无穷大,说明二极管内部断路,若反向电阻为零,则表示二极管已被击穿。

附录 2　C++控制程序设计

在电气控制系统中,控制规律或者控制策略是由控制器完成的,而在数字控制器中,控制规律通常需要由程序完成,本书编程采用的是C++语言。C++是一种应用广泛的程序设计语言,它在C语言的基础上扩展了面向对象的程序设计特点。最主要的是增加了类功能,使它成为面向对象的程序设计语言,从而提高了开发软件的效率。本附录重点介绍本书所列训练项目相关的C++语言知识。

F2.1　概述

C++源于C语言。C语言由于其简单、灵活的特点,很快就被用于编写各种不同类型的程序,从而成为世界上最流行的计算机语言之一。很多操作系统都是采用C语言编写的,如UNIX操作系统以及UNIX系统下运行的商业程序一般都是用C语言来编写。

C语言是一种高级编程语言,相对于汇编语言更容易理解和编写,可以编制较为复杂的系统程序。但是也具有低级语言的特点,它类似汇编语言,可以直接对硬件进行操作。

虽然C语言是一种高级语言,但是相对于其他高级语言不太容易理解和方便使用,20世纪80年代初,美国贝尔实验室设计并实现了C语言的扩充、改进版本,最初的成果称为"带类的C",1993年正式取名为C++。C++改进了C的不足之处,支持面向对象的程序设计,在改进的同时保持了C的简洁性和高效性。C语言的大多数特征都成为C++语言的一个子集,C++面向对象编程使得程序的模块更加独立,程序的可读性和可理解性更好,代码的结构性更加合理。

F2.2　C++语言基础

F2.2.1　标准C++程序的基本组成

一个标准C++程序由预处理命令、函数、语句、变量、输入/输出和注释几个基本部分组成。

```
#include <iostream.h>              //预处理命令
void main(void)                    //主函数
{
    int x;                         //变量定义
    cin>>x;                        //输入赋值
    cout<<"Hello c++"<<endl;       //屏幕输出
}
```

1. 预处理命令

C++程序的预处理命令以"#"开头。C++提供了三类预处理命令:宏定义命令、文件包含命令和条件编译命令。

2. 函数

C++的程序通常是由若干个函数组成,函数可以是 C++提供的库函数,也可以是用户自己编写的自定义函数。在组成一个程序的若干个函数中,必须有一个并且只能有一个是主函数 main()。执行程序时,系统先找主函数,并且从主函数开始执行,其他函数只能通过主函数或被主函数调用的函数进行调用。

3. 语句

语句是组成程序的基本单元。在 C++语句中,表达式语句最多。表达式语句由一个表达式后面加上分号组成。语句除了有表达式语句和空语句之外,还有分支语句、循环语句和转向语句等,所有语句以分号结束。

4. 变量

多数程序都需要说明和使用变量。变量的类型很多,基本数据类型有整型、字符型和浮点型。

5. 输入和输出

C++程序中总是少不了输入和输出语句,主要用于接收用户的输入以及返回程序运行结果。

6. 注释

注释可以帮助用户读懂程序,不参与程序的运行。C++的注释为"//"之后的内容,直到换行。注释仅供阅读程序使用,是程序的可选部分。另外,C++为了与 C 语言兼容,也能识别 C 语言的注释方式,即一对符号"/ *"与" */"之间的内容。

▶ F2.2.2　基本数据类型

程序用于处理数据,而数据是以变量或常量的形式存储,每个变量或常量都有数据类型。一般将 C++语言的基本数据类型分成四种:整形(int)、字符型(char)、浮点型(float)和布尔型(bool)。另外为了适应情况需要,将几种类型前面加以修饰,常用修饰符有四种:有符号(signed)、无符号(unsigned)、长型(long)、短型(short)。以 32 位计算机为例,C++常用的数据类型以及取值范围如表 F2-1 所示。

表 F2-1　C++基本数据类型

数据类型	关键字	占字节数	取值范围
字符型	char	1	−128~127
无符号字符型	unsigned char	1	0~255
整型	int	4	−2147483648~2147483647
无符号整型	unsigned int	4	0~4294967294

数据类型	关键字	占字节数	取值范围
短整型	short int	2	－32768～32767
长整型	long int	4	－2147483648～2147483647
单精度浮点型	float	4	－3.4e38～3.4e38
双精度浮点型	double	8	－1.7e308～1.7e308
无值型	void	0	
逻辑型	bool	1	true 或 false

除了以上基本数据类型外,用户可以根据需要,按照C++语法由基本数据类型构造出一些数据结构,如数组、指针、结构体、共用体、类等。

F2.2.3 运算符和表达式

在程序中,表达式是计算求值的基本单位,它是由运算符和操作数组成的式子。最简单的表达式只有一个常量或变量,当表达式中有两个或多个运算符时,表达式称为复杂表达式。

1. 算术运算符

C++定义了五种基本算术运算操作,即加(＋)、减(－)、乘(＊)、除(/)和取余(％)。C++中算术运算符和数学运算的概念及运算方法是一致的,其中乘(＊)、除(/)和取余(％)优先于加(＋)减(－)。还要注意几个问题,如对于两个整型操作数相除,结果为整数;取余运算只针对整型操作数。

2. 赋值运算符

在 C++语言中,赋值操作符"＝"所构成的是一个赋值表达式,作用是将赋值符右边的操作数的值赋给左边的变量。例如:pi＝3.14159。

3. 复合运算符

在 C++语言中,规定了十种复合赋值运算符,常见的算术复合赋值运算符有:＋＝(加赋值)、－＝(减赋值)、＊＝(乘赋值)、/＝(除赋值)、％＝(求余赋值)。例如:x＋＝1,等同于 x＝x+1。

4. 关系运算符

关系运算符是双目运算符,是对两个操作数进行比较,运算结果为布尔型,若关系成立,则值为 true,否则为 false。C++提供了六种关系运算符:＜(小于)、＜＝(小于或等于)、＞(大于)、＞＝(大于或等于)、＝＝(等于)、!＝(不等于)。例如:4＜5 的结果为 false。

5. 逻辑运算符

有三种逻辑运算符:!(逻辑非)、＆＆(逻辑与)、||(逻辑或)。"逻辑非"的规则是,当运算分量为 false 时,结果为 true;运算分量为 true 时,结果为 false。"逻辑与"是当两个运算分量都是"真"时,结果才是"真",否则为"假"。"逻辑或"是当两个运算分量中有一个是"真"时,结果就为"真",而只有当它们都为"假"时,结果才为"假"。

6.位运算符

位是计算机中数据的最小单位,也是在编程中常用的一种运算形式,一般用 0 和 1 表示。一个字符在计算机中用 8 个位表示,8 个位组成一个字节。对于操作数的位运算,通常将十进制数表示为二进制,并逐位进行运算。具体运算规则与实例如表 F2-2 所示。

表 F2-2 位运算规则与实例

位运算符	运算符名称	例子(二进制)	运算结果(二进制)
&	按位与	1010&0110	0010
|	按位或	1010|0110	1110
^	按位异或	1010^0110	1100
~	按位取反	~1010	0101
<<	左移位	0110<<1	1100
>>	右移位	1010>>2	0010

按位与的运算规则:参与运算的两个操作数,如果两个对应的位均为 1,对应位与的结果为 1,否则结果为 0。

按位或的运算规则:参与运算的两个操作数,如果两个对应的位只要有一个为 1,对应位或的结果就为 1。

按位异或的运算规则:参与运算的两个操作数,如果两个对应的位不同,对应位异或的结果为 1,否则为 0。

按位取反的运算规则:对于一个二进制数据按位取反,各个位 0 变 1,1 变 0。

移位运算规则:将一个操作数向左移一位,相当于该操作数乘以 2;向右移一位,相当于除以 2。从表中的例子可以看出,对于二进制数据进行移位,移出的位舍弃,空出的位补 0。

7.表达式

表达式是由运算符和操作数组成的式子,常量、变量、函数等都可以作为操作数,而 C++中运算符很丰富,所以表达式种类很多。常见表达式有算术表达式、关系表达式、逻辑表达式、条件表达式、赋值表达式和逗号表达式六种。

在表达式中使用运算符时,要明确运算符的功能,如:&、*,既可以作为单目运算符,也可以作为双目运算符,表达的意义也不同。同时,运算符优先级决定了在表达式中各个运算符执行的先后顺序。高优先级运算符先于低优先级运算符进行运算。如表达式"a+b*c",会先计算 b*c,得到的结果再和 a 相加。在优先级相同的情形下,则按从左到右的顺序进行运算。当表达式中出现了括号时,会改变优先级。先计算括号中表达式值,再计算整个表达式的值。

F2.2.4 C++的程序结构

算法的基本控制结构也成为流程控制结构,和传统的结构化程序设计一样,C++有三种基本结构:顺序结构、选择结构和循环结构。

1. 顺序结构

顺序结构就是按照语句出现的顺序一条一条地执行,先出现的先执行,后出现的后执行,是一种简单的语句,通常包括表达式语句、输入语句与输出语句。

表达式语句是一种简单的语句,任何表达式加上分号都可以构成表达式语句。C++的输入和输出工程通常是由函数 scanf、printf 或者输入、输出流来实现。输入、输出流是指数据传输与流动,C++在 iostream 类中定义了运算符“>>”和“<<”来实现输入与输出功能。

当程序需要键盘输入时,采用操作符“>>”从输入流 cin 中获取键盘输入的数字或者字符,并赋值给变量。具体格式如下所示。

```
#include<iostream.h>          //包含 iostream 头文件
void main(void)
{
    int x;                    //定义整型变量 x
    cin>>x;                   //通过键盘输入赋值
}
```

当需要在屏幕显示输出时,可以用操作符“<<”与 cout 结合,在屏幕上显示字符与数字。执行下所示代码将在屏幕上输出“x=5”,cout 语句中,引号里面的内容为屏幕上限制的字符,而后面的 x 将以数字“5”输出,“endl”的功能是换行。

```
#include <iostream.h>
void main(void)
{
    int x=5;
    cout<<"x="<< x<< endl;
}
```

2. 选择结构

选择结构是用来判断所给定的条件是否满足,并根据判定的结果(真或假)选择执行不同的分支语句。C++中构成选择结构的语句有条件语句(if)和开关语句(switch)

(1)条件语句

条件语句的基本形式有三种:if 语句、if…else 语句、多重 if…else 语句。

if 语句的形式为(流程图如图 F2-1 所示)

if(<表达式>)

  <语句>

if…else 语句的形式为(流程图如图 F2-2 所示):

if (<表达式>)

  <语句 1>

  else

  <语句 2>

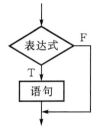

图 F2-1　if 语句流程

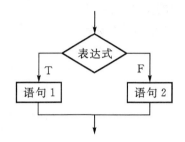
图 F2-2　if…else 语句流程

（2）switch 语句

switch 语句也叫情况语句，是一种多分支语句，语句的形式为：

switch(＜表达式＞)

{

case ＜常量表达式 1＞ :＜语句 1＞; break;

case ＜常量表达式 2＞ :＜语句 2＞; break;

……

case ＜常量表达式 n＞ :＜语句 3＞; break;

default:＜语句 n+1＞;

}

当表达式的值与 case 中某个表达式的值相等时，就执行该 case 中的所有语句；通过 break 语句，跳出 switch 结构。若表达式的值与 case 中的表达式值都不匹配，则执行 default 后面的语句。

3. 循环语句

C++有三种循环语句：for 循环语句、while 循环语句和 do…while 循环语句。

（1）for 循环语句

for 循环是 C++中最常见的一种循环形式，主要功能是将某段程序代码反复执行若干次，语句形式如下：

for(＜表达式 1＞; ＜表达式 2＞; ＜表达式 3＞)

　　{＜语句序列＞;}

其中，表达式 1 是对循环控制变量进行初始化，表达式 2 是循环条件，表达式 3 是对循环控制变量进行递增或者递减操作。具体执行过程如图 F2-3 所示：首先循环变量初始化；然后判断循环条件是否成立，成立则执行循环体的语句组，不成立则结束循环；更改循环条件，重复执行，直到循环条件不成立为止。

（2）while 循环语句

while 循环语句是一种简单的循环，可以看成是 for 循环语句表达式 1 和表达式 3 为空的一种形式。具体格式如下：

while(条件表达式)

{

＜循环体语句＞;

}

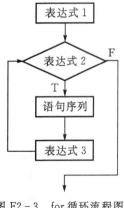
图 F2-3　for 循环流程图

while 首先判断循环条件,当条件为真时,程序重复执行循环体的语句,当条件不成立时,循环结束。流程如图 F2-4 所示。

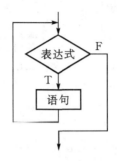

图 F2-4 while 语句流程图

(3) do…while 循环语句

do…while 循环语句的形式如下:

do

<循环体语句>;

while(<条件表达式>)

和 while 循环语句的区别在于:while 语句先判断表达式,然后再执行循环体语句;而 do…while 先执行循环体语句,然后判断表达式。do…while 语句循环体语句至少被执行一次,而 while 循环语句中循环体语句有可能一次都不被执行。执行的流程如图 F2-5 所示。

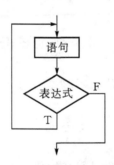

图 F2-5 do…while 语句流程图

4. 跳转语句

循环结构中,通常采用条件来判断循环是否继续进行,但是,在某些情况下,需要在循环的中途停止继续执行循环体的剩余语句,从循环中提前退出或者重新回到循环开始的地方进入新的一次循环,或者跳转到其他地方继续执行,这时需用到跳转语句,C++提供了 break、continue 语句。

(1) break 语句

break 语句使程序从当前的循环语句(while 和 for)内跳转出来,接着执行循环语句外面的语句;也可以用来跳出 switch 语句。以下程序可以看出 break 的用法,程序提示输入一个数字,当键盘输入的数字不为"8"时候,继续等待输入;而当输入数字"8"后,程序结束循环。

```
#include <iostream.h>
void main(void)
{
    int x;
    while(1)
    {
        cout<<"请输入一个 10 以下数字"<<endl;
        cin>>x;
        if (x==8)
        break;
    }
}
```

（2）continue 语句

continue 语句只用于循环语句,它类似于 break,但与 break 不同的是,它不是结束整个循环,而是结束本次循,接着执行下一次循环。

```
#include <iostream.h>
void main(void)
{
    int n;
    for(n=10;n<100;n++)
    {
        if(n%3! =0) continue;
        cout<<n<<endl;
    }
}
```

例程的主要功能是输出 10～100 之间能被 3 整除的数,采用 continue 作为转移语句。而如果将 continue 替换为 break 时,将无法输出,这是因为当 $n=10$ 时,采用 break 跳出来整个 for 循环。

F2.3　函数及常用 C++ 函数

在程序设计中,函数是重要的组成部分,在 C++ 中,函数的主要任务是完成某一个独立的功能的子程序,这样一个复杂的程序就可以按照"自顶向下"的思想分解成若干功能相对独立的子模块。

使用函数的主要目的有:

①程序按功能划分成较小的功能模块,可以使程序更简单,调试方便。

②避免语句重复。将重复的语句编写成一个函数,不仅可以减少编辑程序的时间。

在调用函数时,C++会转移到被调用的函数中执行,执行完后再回到原先程序执行的位置,然后继续执行下一条语句。

C++的函数的定义一般由函数类型、函数名、函数参数表和函数体四个部分构成,其格式如下:

函数类型 函数名(参数列表)

```
{
      函数体;
}
```

函数名:函数名通常要符合 C++命名规范,通常用英文单词或者英文单词的缩写,并尽可能体现函数功能。同时为了与 C++编译器定义的一些函数区分开,通常避免下划线开头。

函数类型:函数类型通常是函数体中使用 return 返回的函数值的类型,具体类型同签名定义的数据类型。如果函数没有返回值,通常定义为 void。

参数类表:参数可以是多个或者没有,通常参数的说明写在函数名后面的括号中,包含函数参数说明和参数名两个部分,参数间通常用逗号隔开。参数列表的主要作用是向函数传递数值或者从函数返回数值。

函数体:花括号中的语句成为函数体,它是完成函数功能的主体。

函数定义与调用举例如下列代码,其只要功能是利用子函数对两个整型数进行求和,并将求和后的数据返回主函数。

```cpp
#include <iostream.h>
int plus(int a,int b)
{
    return (a+b);
}
void main()
{
    int x,y,z;
    x=20;
    y=10;
    z=plus(x,y);
    cout<<"x+y="<<z<<endl;
}
```

在编程时,可以采用以上函数格式进行自定义,从而完成某一功能。在编译器中,也提供了一些库函数,在使用时,不需要进行自定义,只需要进行调用即可,下面将对 C++中常用的函数进行说明。

(1)读端口函数: _inp( )

原型:int _inp(unsigned short port);

头文件:conio.h

函数说明:port 参数为指定的输入端口地址。调用后,它从 port 参数指定的端口读入并返回一个字节,输入值可以是在 0~255 范围内的任意无符号整数值。

(2)写端口函数: _outp( )

原型:int _outp(unsigned short port, int byte);

　　函数说明：port 参数为指定的输出端口地址，byte 参数为输出的值。调用后，它将 byte 参数指定的值输出到 port 参数指定的端口并返回该值。byte 可以是 0～255 范围内的任何整数值。

　　值得注意的是：在 windows98 以及以前版本，可以调用端口读写函数进行硬件操作，但是在以上版本，屏蔽了对端口的直接读写操作。

　　(3)时间挂起函数：Sleep( )

　　原型：Sleep(unsigned long) ；

　　头文件：windows. h

　　函数说明：函数的功能是执行挂起一段时间，可以用作程序的延时等待操作。在标准 C 语言中是小写 sleep，在 VC 中采用首字母大写。

　　Sleep( )是以毫秒为单位，所以如果想让函数滞留 2 秒的话，可以用 Sleep(2000)。下面的程序的功能是，每 2 秒钟，在屏幕上循环输出"Hello C++"。

```cpp
#include <windows. h>
#include <iostream. h>
  void main(void)
  {
      while(1)
      {
          cout<<"Hello C++"<<endl;
          Sleep(2000);
      }
  }
```

　　(4)kbhit( )

　　原型：int kbhit(void);

　　头文件：conio. h

　　函数说明：检查当前是否有键盘输入，若有则返回一个非 0 值，否则返回 0。

　　举例如下：以下程序，如果没有键盘输入，程序一直输出"Hello C++"。

```cpp
#include <conio. h>
#include <iostream. h>
void main(void)
{
    while(! kbhit( ))
    {
        cout<<"Hello C++"<<endl;
        Sleep(2000);
    }
}
```

(5) getch( )

原型：int getch(void)；

头文件：conio. h

函数说明：在 windows 平台下等待键盘输入，并获取输入字符，但是输入字符不在屏幕回显。

```
#include <conio. h>
#include <iostream. h>
void main(void)
{
    char c;
    cout<<"敲击键盘退出"<<endl;
    c=getch();
}
```

F2.4 VC 6.0 开发环境介绍

采用 C++语言进行程序开发，必须要有编译环境，Microsoft Visual C++ 6.0，(简称 VC 6.0)微软公司的 C++开发工具，具有集成开发环境，可提供 C 语言，C++语言编程。下面将对 VC 6.0 集成开发环境进行介绍。集成环境如图 F2-6 所示，Visual C++ 6.0 开发环境界面有标题栏、菜单栏、工具栏、项目工作区窗口、文档窗口(编辑区)、输出窗口等。

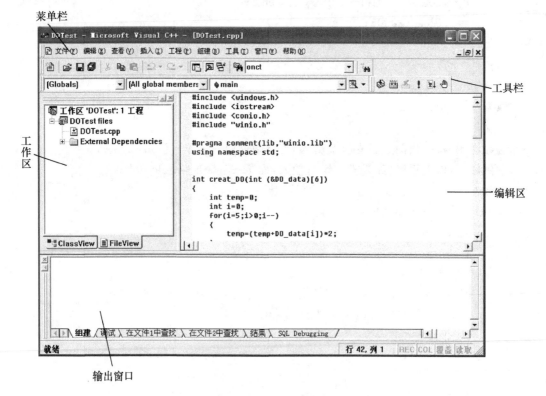

图 F2-6   VC 6.0集成开发环境

1. 菜单栏

①文件（File）菜单，如图 F2-7 所示。File 菜单中的各项命令主要用来对文件和项目进行操作，如"新建""打开""保存""打印"等。

图 F2-7　文件菜单

②编辑（Edit）菜单，如图 F2-8 所示，主要是用来编辑文件内容。例如，用于撤销和恢复操作命令，用于复制、剪切、粘贴操作命令，此外，菜单中还有查找、替换、设置断点等功能。

图 F2-8　编辑菜单

③查看（View）菜单，如图 F2-9 所示。主要用来改变窗口和工具栏的显示方式，激活调试时所用的各个窗口，同时还包括使用频率很高的建立类向导。

图 F2-9　查看菜单

④插入（Insert）菜单主要用于资源的创建与添加。

⑤工程（Project）菜单主要用于添加文件到工程并设置工程、导出生成文件等。工程是程序设计的基本单位，特别是在当前工程中添加文件使用较多。

⑥组建（Build）菜单主要用于应用程序的编译、连接、调试、运行，如图 F2-10 所示。

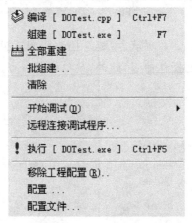

图 F2-10　组建菜单

⑦工具（Tool）菜单主要用于选择和定制开发环境中一些工具，如组件管理等。

⑧窗口（Windows）菜单主要用于排列、打开和关闭集成开发环境中的各个窗口，调整窗口的显示方式，使窗口组合或者分离等。

⑨帮助（Help）菜单主要提供 VC 使用帮助。

2. 工具栏与快捷键

工具栏提供了图形化的快捷操作界面，工具栏上的按钮分别和一些菜单命令相对应，提供了一种执行常用命令的快捷方法。主要有标准工具栏、编译工具栏和类向导工具栏。

①标准工具栏如图 F2-11 所示，其中的工具按钮命令大多数是常用的文档编辑命令，如新建、保存、撤销、恢复、查找等命令。

图 F2-11　标准工具栏

②编译工具栏提供了常用的编译工具,如图 F2-12 所示,具体功能介绍如表 F2-3 所示。

图 F2-12　编译工具栏

表 F2-3　编译工具栏功能

编译工具栏序号	对应菜单命令	快捷键	功能
1	组建/编译	Ctrl+F7	编译程序
2	组建/组建	F7	生成.exe 应用程序
3	组建/停止组建	Ctrl+Break	停止组建
4	组建/执行	Ctrl+F5	执行.exe 应用程序
5	组建/开始调试/Go	F5	调试执行
6	组建/Breakpoint	F9	插入或删除点段

在程序单步调试时,可以使用单步调试快捷键:
- 设置/取消断点(F9):在某一行设置和取消断点。
- 单步执行(F10):单步执行,遇到函数调用时把其当作一条语句执行。
- 深入函数的单步执行(F11):单步执行,遇到函数调用是深入到其内部。
- 执行到光标处(Ctrl+F10):一次执行完光标前的所有语句,并停到光标处。
- 跳出(Shift+F11):执行完当前函数的所有剩余代码,并从函数跳出。
- 重新开始调试(Ctrl+Shift+F5):重新开始调试过程。
- 结束调试(Shift+F5):执行完程序的剩余部分,结束调试。

3. 工作区

工作区窗口位于集成开发环境左侧,当加载或者新建一个工程时,工作区就以树状结构显示项目中的内容。创建了一个项目工作区,每个项目工作区都有一个项目工作区文件(.dsw),存放该工作区中包含的所有项目的有关信息和开发环境本身的信息。项目置于项目工作区的管理之下。通常有三种不同的查看方式:ClassView(类视图)、ResourceView(资源视图)和 FileView(文件视图)。

4. 编辑区

编辑区位于开发环境右侧,在打开或者输入程序代码时,代码会显示在编辑区;而当设计菜单、对话框以及图片图标时,编辑区作为图形绘制与显示窗口。

5. 输出窗口

输出窗口的作用是对用户进行信息提示,如图 F2-13 所示。当应用程序进行编译后,输出窗口就会出现在集成开发环境的地步,用于电视程序编译的进展、警告与错误信息,同时在调试时候,可以显示变量的数值信息等。

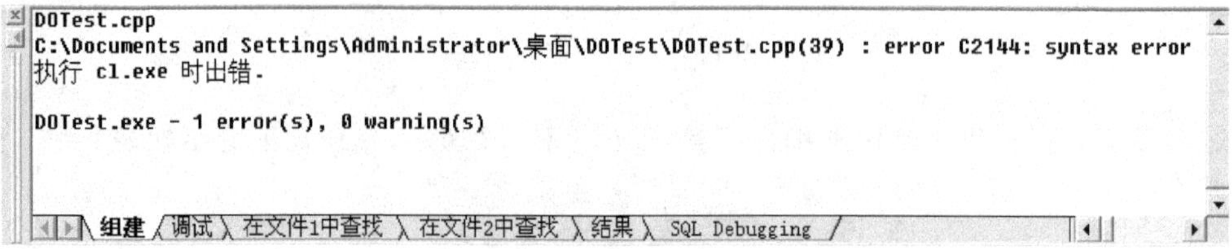

DOTest.cpp
C:\Documents and Settings\Administrator\桌面\DOTest\DOTest.cpp(39) : error C2144: syntax error
执行 cl.exe 时出错.
DOTest.exe - 1 error(s), 0 warning(s)
组建
调试
在文件1中查找
在文件2中查找
结果
SQL Debugging

图 F2-13 输出窗口

F2.5 创建C++控制台(Console)程序

在课程中,我们通常编制VC控制台程序,下面将介绍控制台程序的建立、编译与运行。

1. 创建程序

打开以安装的VC 6.0集成开发环境,将出现如图F2-14所示的开发环境,这里使用的是中文企业版。要创建一个C++源程序,步骤如下:

①点击菜单(File)/新建(New),弹出如图F2-15所示对话框。在对话框中选择"Win32 Console Application"(控制台应用工程),并在对话框右侧设置工程名称"Hello"以及工程存储路径。确定后,建立一个控制台程序的空工程。

Microsoft Visual C++
文件(F) 编辑(E) 查看(V) 插入(I) 工程(P) 组建(B) 工具(T) 窗口(W) 帮助(H)
onct
组建
调试
在文件1中查找
在文件2中查找
结果
SQL Debugging
就绪

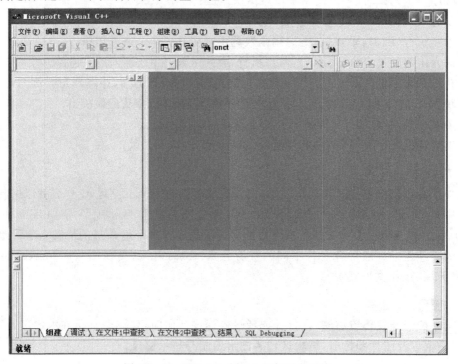

图 F2-14 VC 6.0 中文企业版开发环境

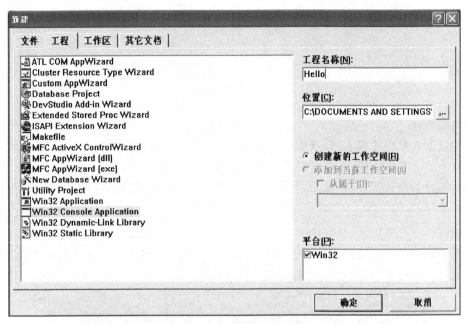

图 F2-15　新建工程对话框

②单击文件(File)/新建选项卡,将出现如图 F2-16 所示对话框,选择"C++ Source File"选项,并在右侧对话框中设定程序所添加到的工程以及程序文件名,将文件名设定为"Hello C++",并点击确定。

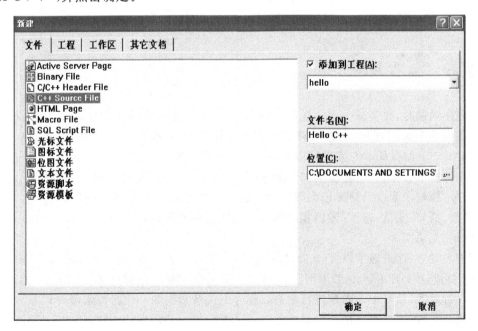

图 F2-16　新建文件对话框

③输入代码,代码清单如下:

```
1    #include <iostream.h>
```

```
2   int main(void)
3   {
4       cout<<"Hello C++"<<endl;
5       return 0;
6   }
```

2. 编译组建

完成以上简单程序输入后,首先进行保存,并使用 VC 编译器对程序进行编译,编译可以检查程序中是否有语法错误,编译后可以进行连接,生成可执行文件。

进行编译和连接时,可以使用前面介绍的编译工具栏或组建菜单,也可以采用快捷键,编译(Compile)的快捷键是 Ctrl+F7,组建的快捷键是 F7。

3. 运行

单击编译工具栏或组建菜单或者按快捷键 Ctrl+F5,就可以运行可执行程序 hello.exe,显示屏上显示字符串"Hello C++",如图 F2-17 所示。

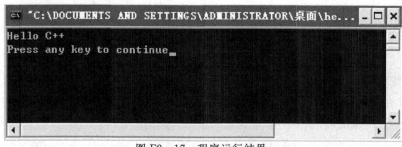

图 F2-17　程序运行结果

F2.6　编程规范

在程序编制时,要遵循一定的规范。特别是在一些大程序编制时,如果每个程序员都按照自己的编写风格编写程序,必然会降低程序的可读性,对系统的集成、调试带来一系列麻烦。下面将对 C++编程基本的编程风格和规范进行简要介绍。

源文件通常有标题、内容与附加说明三部分构成。标题为文件说明,主要包括程序名、作者、版本号,版权说明以及简要说明等。内容通常是程序文件中的功能语句,主要包括预处理命令、函数、语句、变量、输入/输出和注释等。附加说明通常放在文件末尾,可以对参考文献等资料进行补充说明。

缩进与对齐:缩进通常以 Tab 为单位,一个 Tab 是四个空格,通常在程序的不同结构层次之间加上缩进,预处理语句、函数原型定义、函数说明、附加说明一般顶格书写。语句中的"{ }"通常与上一行对齐,括号中的内容进行缩进。程序中关系紧密的一些行通常需要对齐。

空格与空行:运算符空格一般规律如下:"++"、"--"、"!"、"~""::"、"*"(指针)、"&"(取地址)等通常不加空格,大多数双目运算符两边均空一格。程序中结构独立的模块之间,通常进行空行分隔。

命名规范:标识符一般用英文或英文缩写,所用英文与英文缩写要尽可能表达一定意义,单词一般首字母大写,缩写通常全部大写。

函数与注释:对于复杂程序,通常划分成若干个模块,模块可以用子函数实现,这样可以增强系统的可读性与重用性,具体说明见 1.3 节中所示函数及常用 C++函数。注释在程序中必不可少,对于注释的要求是能够正确描述程序,同时要简练。标题和附加说明的注释通常采用块注释"/ * … * /",函数说明与代码行说明通常用"//"。

F2.7　WinIO 库的使用

由于 Windows 对系统的保护,绝对不允许任何的直接 I/O 动作发生,所以必须带上 * . dll、* . sys 或 * . vxd 文件,这些文件用来让操作系统知道有一个特定的 I/O 可能会被调用。系统开机后,这些文件中的内容就会加载到内存中,一旦有对应的动作发生,就会引发 I/O 的实际动作。

WinIO 库通过使用内核模式下设备驱动程序和其他一些底层编程技巧绕过 Windows 安全保护机制,允许 32 位 Windows 程序直接对 I/O 口进行操作。

为了在 VC 中能正常使用 WinIO 库,必须按以下步骤进行配置:

①将 WinIo. dll、WinIo. sys、WinIo. VXD 三个文件放在程序可执行文件所在目录下;

②将 WinIo. lib 添加到工程中,WinIo. lib 及 winio. h 文件必须放在工程目录下;

③在头文件中加入 #include "winio. h"语句;

④调用 InitializeWinIo 函数初始化 WinIO 驱动库;

⑤在 Win - XP 下调用读写 I/O 口的_inp 或_outp 函数;

⑥调用 ShutdownWinIo 函数。

F2.8　小结

本附录主要介绍了 C++语言的特点,从其特点可以看出,C++语言适合控制系统的开发。附录针对于测控实习的需要,重点介绍了 C++控制台程序的基本结构,详细介绍了 C++常用的表达式与运算符,以及控制系统编程中常用的位操作运算符以及常用函数,并列举了一些典型例子。

掌握 C++语言的流程控制结构很重要,附录介绍了 C++有三种基本结构:顺序结构、选择结构和循环结构,并介绍了在循环语句中,如何使用跳转语句实现在循环的中途停止继续执行循环体的剩余语句,从循环中提前退出或者重新回到循环开始的地方进入新的一次循环。这对于初学者来说理解起来难度大,需要不断进行练习。

附录采用 VC 6.0 作为 C++的编译环境,简要介绍了 VC 6.0 集成开发环境,以及如何创建 C++控制台程序,如何编译组建,如何调试运行程序。

同时,养成良好的编程习惯可以提高程序的可读性,可重用性,提高编程、调试的效率。附录在最后介绍了程序的书写、命名以及注释规范。

F2.9　基本训练内容

1. 练习基本运算和输入输出。

2. 输出 0～200 范围内能被 3 整除的数。

3. 求两个数的最大公约数。

4. 将任意一个十进制整数按照二进制形式输出。

5. 对某一维数组数据进行降序排列并输出。

6. 输入 20 个整型数字,将重复数字去除,并将剩余数字按照升序排列。

7. 输入一学生百分制成绩,并进行五分制输出。

8. 编写程序,计算 $1+2+3+\cdots+n$ 的值。

9. 猜数字游戏:游戏需要两个人,一个人首先设置任意一个整数(100 以内),请另外一个游戏者输入猜想数据,系统会提示猜大了还是小了,10 次以内猜对获胜。猜不对时最后输出设置数据。

附录3   PCI - 1710 数据采集控制卡

1. 概述

PCI - 1710/1710HG 是一款 PCI 总线的多功能数据采集卡。其先进的电路设计使得它具有更高的质量和更多的功能。这其中包含五种最常用的测量和控制功能:12 位 A/D 转换、D/A 转换、数字量输入、数字量输出及计数器/定时器功能。

(1)即插即用功能

PCI - 1710/1710HG 完全符合 PCI 规格 Rev2.1 标准,支持即插即用。在安装插卡时,用户不需要设置任何跳线和 DIP 拨码开关。实际上,所有与总线相关的配置,比如基地址、中断,均由即插即用功能完成。

(2)单端或差分混合的模拟量输入

PCI - 1710/1710HG 有一个自动通道/增益扫描电路。该电路能代替软件控制采样期间多路开关的切换。卡上的 SRAM 存储了每个通道不同的增益值及配置。这种设计能让用户对不同通道使用不同增益,并自由组合单端和差分输入来完成多通道的高速采样。

(3)卡上 FIFO(先入先出)存储器

PCI - 1710/1710HG 卡上有一个 FIFO 缓冲器,它能存储 4 K 的 A/D 采样值。当 FIFO 半满时,PCI - 1710/1710HG 会产生一个中断。该特性提供了连续高速的数据输入及 Windows 下更可靠的性能。

(4)卡上可编程计数器

PCI - 1710/1710HG 提供了可编程的计数器,用于为 A/D 变换提供可触发脉冲。计数器芯片为 82C54 或与其兼容的芯片,它包含了三个 16 位的 10 MHz 时钟的计数器。其中有一个计数器作为事件计数器,用于对输入通道的事件进行计数。另外两个级联在一起,用作脉冲触发的 32 位定时器。

(5)用于降低噪声的特殊屏蔽电缆

PCL - 10168 屏蔽电缆是专门为 PCI - 1710/1710HG 所设计的,它用来降低模拟信号的输入噪声。该电缆采用双绞线,并且模拟信号线和数字信号线是分开屏蔽的。这样能使信号间的交叉干扰降到最小,并使 EMI/EMC 问题得到了最终的解决。

(6)16 路数字输入和 16 路数字输出

提供 16 路数字输入和 16 路数字输出,使用户可以最大灵活的根据自己的需要来应用。

(7)短路保护

PCI - 1710/1710HG 在+12 V(DC)/+5 V(DC)输出管脚处提供了短路保护器件,当发生短路时,保护器件会自动断开停止输出电流,直到短路被清除大约两分钟后,管脚才可开始输出电流。

2. 特性

①16 路单端或 8 路差分模拟量输入,或组合方式输入。

②12 位 A/D 转换器,采样速率可达 100 kHz。

③每个模拟量输入通道的增益可编程设置。

④板载 4 K 采样 FIFO 缓冲器。

⑤2 路 12 位模拟量输出。

⑥16 路数字量输入及 16 路数字量输出。

⑦可编程触发器/定时器。

⑧PCI 总线数据传输。

3. 一般特性

①获 CE CISPR 22 CLASS B 认证。

②I/O 接口:68 脚 SCSI-II孔式接口。

③功耗:+5 V/850 mA(典型值),+5 V/1.0 A(最大值)。

④工作温度:0~60 ℃(32 ℉~140 ℉)。

⑤存储温度:−20~70 ℃(−4 ℉~158 ℉)。

⑥工作湿度:5%~85% 非凝结(参考 IEC-68-1、IEC-68-2、IEC-68-3)。

⑦尺寸:175 mm(L)×107 mm(H)

4. 规格

(1)数字量输入

①通道:16。

②输入电压:

低:最大 0.4 V,

高:最小 2.4 V。

③输入负载:

低:−0.2 mA/0.4 V,

高:20 μA/2.7 V。

(2)数字量输出

①通道:16。

②输出电压:

低:最大 0.4 V/8.0 mA(汇点),

高:最小 2.4 V/−0.4 mA(源点)。

(3)模拟量输入

①通道:16 路单端或 8 路差分(可通过软件编程)。

②分辨率:12 bit。

③板载 FIFO:4 K 采样点数。

④转换时间:8 μs。

⑤输入范围:(±10 V,可通过软件编程)。

⑥最大输入过压:±30 V。

⑦线性误差:±1 LSB。

⑧输入阻抗:1 GΩ。

⑨触发模式:软件,板载可编程定时器或外部触发器。

(4)模拟量输出

①通道:2。

②分辨率:12 bit。

③相对精度:±1/2 LSB。

④增益误差:±1 LSB。

⑤最大采样速率:100 K 采样/s。

⑥电压变化率:10 V/μs。

⑦输出范围:(可通过软件编程)

内部参考:0～+5 V,0～+10 V。

外部参考:0～+X/-X(-10 V≤X≤10 V)。

(5)可编程定时器/计数器

①计数器芯片:82C54 或同等芯片。

②计数器:3 通道、16 位、2 个通道被永久配置为可编程定时器,1 个通道供用户根据需要进行配置。

③输入电平:TTL/CMOS 兼容。

④时基:

通道 1:1 MHz。

通道 2:从通道 1 的输出获取输入。

通道 0:内部 100 kHz 或外部时钟(最大 10 MHz),通过软件选择。

5. 针脚定义

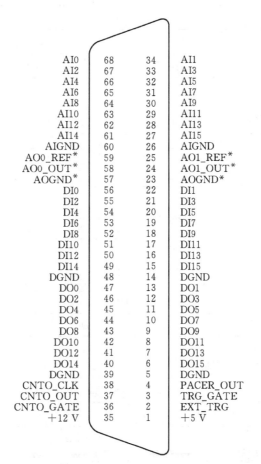

AI0	68	34	AI1
AI2	67	33	AI3
AI4	66	32	AI5
AI6	65	31	AI7
AI8	64	30	AI9
AI10	63	29	AI11
AI12	62	28	AI13
AI14	61	27	AI15
AIGND	60	26	AIGND
AO0_REF*	59	25	AO1_REF*
AO0_OUT*	58	24	AO1_OUT*
AOGND*	57	23	AOGND*
DI0	56	22	DI1
DI2	55	21	DI3
DI4	54	20	DI5
DI6	53	19	DI7
DI8	52	18	DI9
DI10	51	17	DI11
DI12	50	16	DI13
DI14	49	15	DI15
DGND	48	14	DGND
DO0	47	13	DO1
DO2	46	12	DO3
DO4	45	11	DO5
DO6	44	10	DO7
DO8	43	9	DO9
DO10	42	8	DO11
DO12	41	7	DO13
DO14	40	6	DO15
DGND	39	5	DGND
CNT0_CLK	38	4	PACER_OUT
CNT0_OUT	37	3	TRG_GATE
CNT0_GATE	36	2	EXT_TRG
+12 V	35	1	+5 V

图 F3-1　针脚定义

6. PCI - 1710 采集卡端口地址分配见表(F3 - 1)

表 F3 - 1　PCI - 1710 采集卡端口地址分配表

地址	读	写
Base ＋ 0	A/D 低字节	软件触发
＋1	A/D 高字节及通道信息	—
＋2	—	增益、极性、单端与差动控制
＋4	—	多路开关起始通道控制
＋5	—	多路开关结束通道控制
＋6	—	A/D 工作模式控制
＋7	A/D 状态信息	—
＋9		FIFO 清空
＋10	—	D/A 通道 0 低字节
＋11	—	D/A 通道 0 高字节
＋12	—	D/A 通道 1 低字节
＋13	—	D/A 通道 1 高字节
＋14	—	D/A 参考控制
＋16	DI 低字节	DO 低字节
＋17	DI 高字节	DO 高字节

7. 寄存器

(1)DI/DO 数据寄存器

Base＋16	D7	D6	D5	D4	D3	D2	D1	D0
DI 低字节	DI7	DI6	DI5	DI4	DI3	DI2	DI1	DI0

Base＋17	D7	D6	D5	D4	D3	D2	D1	D0
DI 高字节	DI15	DI14	DI13	DI12	DI11	DI10	DI9	DI8

Base＋16	D7	D6	D5	D4	D3	D2	D1	D0
DO 低字节	DO7	DO6	DO5	DO4	DO3	DO2	DO1	DO0

Base＋17	D7	D6	D5	D4	D3	D2	D1	D0
DO 高字节	DO15	DO14	DO13	DO12	DO11	DO10	DO9	DO8

(2) 清空中断和 FIFO 寄存器(写任意字)

Write	Clear Interrupt and FIFO							
Bit＃	7	6	5	4	3	2	1	0
BASE＋9	Clear FIFO							
BASE＋8	Clear Interrupt							

（3）多路转换控制寄存器

Write	Multiplexer Control							
Bit#	7	6	5	4	3	2	1	0
BASE＋5					STA3	STA2	STA1	STA0
BASE＋4					STO3	STO2	STO1	STO0

数据格式说明

STA3～STA0	开始扫描通道编号
STA3～STA0	停止扫描通道编号

（4）设置通道范围及增益的寄存器

	A/D Channel Range Setting					
BASE＋2		S/D	B/U	G2	G1	G0

数据格式说明

S/D	单端或差分	0 表示通道为单端,1 表示通道为差分
B/U	双极或单极	0 表示通道为双极,1 表示通道为单极
G2 to G0	增益码	

PCI－1710 的增益码

增益	输入范围(V)	B/U	增益码		
			G2	G1	G0
1	−5～+5	0	0	0	0
2	−2.5～+2.5	0	0	0	1
4	−1.25～+1.25	0	0	1	0
8	−0.625～+0.625	0	0	1	1
0.5	−10～10	0	1	0	0

（5）控制寄存器 BASE＋6

Bit#	7	6	5	4	3	2	1	0
BASE＋6	AD16/12	CNT0	ONE/FH	IRQEN	GATE	EXT	PACER	SW

控制寄存器

SW	软件触发启用位	设为 1 可启用软件触发,设为 0 则禁用
PACER	触发器触发启用位	设为 1 可启用触发器触发,设为 0 则禁用
EXT	外部触发启用位	设为 1 可启用外部触发,设为 0 则禁用
GATE	外部触发门功能启用位	设为 1 可启用外部触发门功能,设为 0 则禁用
IRQEN	中断启用位	设为 1 可启用中断,设为 0 则禁用

续表

ONE/ FH	中断源位	设为 0 将在发生 A/D 转换时生成中断,设为 1 则在 FIFO 半满时生成中断
CNT0	计数器 0 时钟源选择位	0 表示计数器 0 的时钟源为内部时钟(100 kHz),1 表示计数器 0 的时钟源为外部时钟(最大可达 10 MHz)

注:用户不能同时启用软件触发、触发器触发和外部触发。

(6)AD 状态寄存器

Bit#	7	6	5	4	3	2	1	0
BASE+7	CAL				IRQ	F/F	F/H	F/E

状态寄存器

F/E	FIFO 空标志	此位用于指示 FIFO 是否为空。1 表示 FIFO 为空
F/H	FIFO 半满标志	此位用于指示 FIFO 是否为半满。1 表示 FIFO 半满
F/F	FIFO 满标志	此位用指示 FIFO 是否为满。1 表示 FIFO 为满
IRQ	中断标志	此位用于指示中断状态。1 表示已发生中断

注:寄存器 BASE+6 的状态寄存器的内容与控制寄存器的内容相同。

(7) A/D 数据寄存器

Read	Channel Number and A/D Data							
Bit#	7	6	5	4	3	2	1	0
BASE+1	CH3	CH2	CH1	CH0	AD11	AD10	AD9	AD8
BASE+0	AD7	AD6	AD5	AD4	AD3	AD2	AD1	AD0

通道编号和 A/D 数据的寄存器

AD11~AD0	A/D 转换结果	AD0 是 A/D 数据中最低有效位(LSB)。AD11 则是最高有效位(MSB)
CH3~CH0	A/D 通道编号	CH3~CH0 保存接收数据的 A/D 通道的编号,CH3 为 MSB,CH0 为 LSB

(8)用于 D/A 参考控制的寄存器

Write	D/A Output Channel 1							
Bit#	7	6	5	4	3	2	1	0
BASE+14					DA1_1/E	DA1_5/10	DA0_/I/E	DA0_5/10

用于 D/A 参考控制的寄存器

DA0_5/10	内部参考电压 用于 D/A 输出通道 0	此位控制用于 D/A 输出通道 0 的内部参考电压。0 表示内部参考电压为 5 V,1 表示 10 V
DA0_I/E	内部受外部参考电压 用于 D/A 输出通道 0	此位指标用于 D/A 输出通道 0 的参考电压为内部还是外部。0 表示参考电压来自内部源,1 表示来自外部源
DA1_5/10	内部参考电压 用于 D/A 输出通道 1	此位控制用于 D/A 输出通道 1 的内部参考电压。0 表示内部参考电压为 5 V,1 表示 10 V
DA1_I/E	内部或外部参考电压 用于 D/A 输出通道 0	此位指示用于 D/A 输入通道 1 的参考电压为内部还是外部。0 表示参考电压来自内部源,1 表示来自外部源

(9) D/A 数据寄存器

	D/A Output Channel 0							
BASE+11					DA11	DA10	DA9	DA8
BASE+10	DA7	DA6	DA5	DA4	DA3	DA2	DA1	DA0
	D/A Output Channel 1							
BASE+13					DA11	DA10	DA9	DA8
BASE+12	DA7	DA6	DA5	DA4	DA3	DA2	DA1	DA0

附录 4　开关量输入通道例程 DItest. cpp

```cpp
#include <windows. h>
#include <iostream>
#include <conio. h>
#include "winio. h"
#pragma comment(lib,"winio. lib")
using namespace std;

int creat_DI(int (&DI_bit)[6], int num)
{
    int i=0;
    for(i=0;i<6;i++)
    DI_bit[i]=(num>>i)&0x0001;
    return 0;
}

void main(void)
{
    char c;
    unsigned short BASE_ADDRESS = 0xE880;
    int iPort=16;

//初始化 WinIo

    if (! InitializeWinIo( ))
    {
        cout<<"Error In InitializeWinIo!"<<endl;
        exit(1);
    }

//数字量输入

    int i;
    int DI_data;
```

```
        int DI[6]={0};

    while(1)
    {
        DI_data = _inp(BASE_ADDRESS + iPort);
        creat_DI(DI,DI_data);
        Sleep(100);
        for(i=0;i<6;i++)
            {
                cout<<"DI_"<<i+1<<"="<<DI[i]<<endl;
            }
        cout<<"按 n 继续采集,其它键退出"<<endl;
        c = getch();
        if(c=='n'||c=='N')    continue;
        else break;
    }
    ShutdownWinIo( );           //关闭 WinIo
}
```

附录 5 开关量输出通道例程 DOtest. cpp

```cpp
#include <windows. h>
#include <iostream>
#include <conio. h>
#include "winio. h"
#pragma comment(lib,"winio. lib")
using namespace std;

int creat_DO(int (&DO_bit)[6])
{
    int temp=0;
    int i=0;
    for(i=5;i>0;i--)
    {
        temp=(temp+DO_bit[i]) * 2;
    }
    return temp+DO_bit[0];
}

void main(void)
{
    unsigned short BASE_ADDRESS = 0xE880;
    int OPort=16;

//初始化 WinIo
    if (! InitializeWinIo())
    {
        cout<<"Error In InitializeWinIo!"<<endl;
        exit(1);
    }
//数字量输出

    char c;
    int DO_data;
```

```
        int DO[6]={0};

while(1)
{
        cout<<"请参照以下格式输入:1 0 1 0 1 0"<<endl;
        cin>>DO[0]>>DO[1]>>DO[2]>>DO[3]>>DO[4]>>DO[5];
        DO_data=creat_DO(DO);
        _outp(BASE_ADDRESS + OPort, DO_data);
        cout<<"Press n to next and other key to quit!"<<endl;
        c = _getch();
            if(c=='n'||c=='N')    continue;
            else break;
}
_outp(BASE_ADDRESS + OPort, 0);
ShutdownWinIo();            //关闭 WinIo
}
```

附录6 模拟量输入通道例程 AItest.cpp

```cpp
# include <windows.h>
# include <iostream>
# include <conio.h>
# include "winio.h"
# pragma comment(lib,"winio.lib")
using namespace std;

void main(void)
{
    unsigned short BASE_ADDRESS = 0xE880;
    int iChannel = 0;
    float fHiVolt, fLoVolt, temp;
    unsigned short adData;
    unsigned char ucGain;
    unsigned char ucStatus = 1;
    int i=1;
    unsigned short tmp;

//初始化 WinIo
    if (! InitializeWinIo())
    {
        cout<<"Error In InitializeWinIo!"<<endl;
        exit(1);
    }

    _outp(BASE_ADDRESS + 9, 0);            //Clear FIFO
//选择起始和结束通道
    _outp(BASE_ADDRESS + 4, iChannel);     //Start channel
    _outp(BASE_ADDRESS + 5, iChannel);     //Stop channel
    fLoVolt = -10.0;
    fHiVolt = 10.0;
    ucGain = 0x04;
    _outp(BASE_ADDRESS + 2, ucGain);       //设置增益及电压范围
```

```
    while(1)
    {
        system("cls");
        _outp(BASE_ADDRESS + 6, 0x01);          // 设置软件触发方式
        _outp(BASE_ADDRESS, 0);                 //软件触发 AD 转换
        ucStatus = 1;
        while((! _kbhit()) && (ucStatus == 1))
        {
            ucStatus = (_inp(BASE_ADDRESS + 7)) & 0x01;
        }
        if (ucStatus == 0)
        {
            tmp = _inpw(BASE_ADDRESS);
            adData = tmp & 0xfff;
            temp = (fHiVolt-fLoVolt) * adData / 4095.0 + fLoVolt;   //代码转换
            cout<<endl<<"模拟量第 "<<iChannel<<"通道采集电压为:"<<temp; }
        }
        else
        {
            cout<<endl<<"采集数据错误!";
            break;
        }
    }
    ShutdownWinIo();                                //关闭 WinIo
}
```

附录 7 模拟量输出通道例程 AOtest. cpp

```cpp
#include <iostream>
#include <windows. h>
#include <conio. h>
#include "winio. h"
#pragma comment(lib,"winio. lib")
using namespace std;

void main()
{
    int BASE_ADDRESS=0xE880;
    int iChannel = 0;
    float fVoltage, fHiVolt, fLoVolt;
    int AOPort;
    int LByte;
    int HByte;
    char c;
    unsigned short outData;

    /* 初始化 WinIo */
    if (! InitializeWinIo())
    {
        cout<<"Error In InitializeWinIo!"<<endl;
        exit(1);
    }

    while(1)
    {
    system("cls");                              //清屏函数
    _outp(BASE_ADDRESS + 14, 0);                //设置内部参考电压为 5 V

    fHiVolt = 5;
    fLoVolt = 0;
    AOPort = 10 + iChannel * 2;
```

```
        cout<<"请设定 AO 输出电压:"<<endl;
        cin>>fVoltage;                                    //设定 DA 通道输出的电压值
        outData = (unsigned short)(fVoltage / (fHiVolt - fLoVolt) * 0xfff);
                                                          //代码转换
        LByte=outData & 0x00ff;
        HByte=(outData >> 8) & 0x000f;
        _outp(BASE_ADDRESS + AOPort,LByte);        //低字节部分
        _outp(BASE_ADDRESS + AOPort + 1, HByte);  //高字节部分
        cout<<endl<<endl<<"第"<<iChannel<<" 通道输出电压为:"<<fVoltage
<<"V"<<endl;
        cout<<"按 n 继续输出,其他键退出"<<endl;
        c = _getch();
        if(c == 'N' || c == 'n') continue;
        else break;
    }
        _outp(BASE_ADDRESS + AOPort,0);
        _outp(BASE_ADDRESS + AOPort + 1,0);  //清零
        ShutdownWinIo( );                      //关闭 WinIo
}
```

附录8　透明仿真电梯说明书

F8.1　概述

透明仿真教学电梯是根据最常见的升降式电梯结构,采用透明有机材料制成,其结构与实际电梯完全相同,且几乎具备实际电梯的全部功能。事实上可以把它看作是缩小了的电梯。由于其几乎所有部件均是采用透明有机材料,因此能够更直观、透彻地了解、掌握电梯的结构及其动作原理。同时,电梯运行过程中的每个动作也一目了然,还可以反复实际动手操作。

教学电梯的电气控制系统是采用控制器和交流调速控制,其硬件结构的组成及功能与实际电梯完全一样,具有自动平层、自动开关门、顺向响应轿内、外呼梯信号、直驶、电梯安全运行保护等功能,以及电梯停用、急停、检修、慢上、慢下、照明和风扇等特殊功能。

F8.2　电梯的主要组成部分及其安装部位

透明仿真教学电梯其结构如图F8-1所示,与实际电梯相同,电梯结构包括机房、井道、厅门、轿厢等几大部分。

本教学电梯在底层和顶层分别设有一个向上或向下召唤按钮,而在其他各层站各设有上、下召唤按钮。轿厢操纵盒安装在电梯底座外部(便于实际演示中操作),设有与层站数相等的相应指令按钮。当进入轿厢的乘客按下指令按钮时,指令信号被登记,当等待在厅门外的乘客按下召唤按钮时,召唤信号被登记。电梯在向上运行的过程中按登记的指令信号和向上召唤信号逐一予以停靠,直至信号登记的最高层站,然后又反向向下运行,顺次响应向下指令及向下召唤信号予以停靠。每次停靠时,电梯自动进行减速、平层、开门。当乘客进出轿厢完毕后,又自行关门启动,直至完成最后一项工作。如有信号再出现,则电梯根据信号位置选择方向自行启动运行。若无工作指令,则轿厢停留在最后停靠的层楼。

1.电梯机房里的主要部件

(1)曳引机

曳引机是电梯的驱动装置,它包括:

①驱动电动机交流电梯为专用的双速或三速电机。直流电梯为专用的直流电机。

②制动器在电梯上通常采用双瓦块常闭式电磁制动器。在电梯停止或电源断电的情况下制动抱闸,确保电梯不致移动。

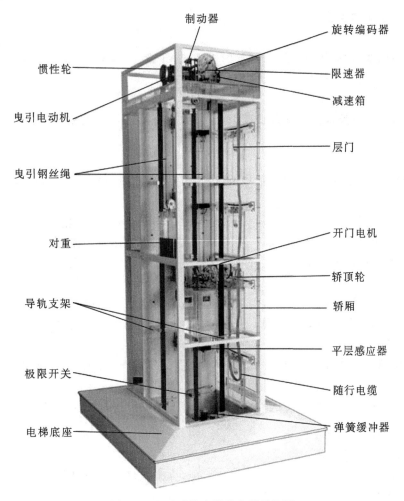

图 F8-1　透明仿真教学电梯结构图

　　③减速箱。大多数电梯厂选用蜗轮蜗杆减速箱,也有行星齿轮、斜齿轮减速箱。无齿轮电梯不需减速箱。图 F8-1 所示教学电梯采用的是蜗轮蜗杆减速箱。

　　④曳引轮。曳引机上的绳轮称为曳引轮。两端借助曳引钢丝绳分别悬挂轿厢和对重,并依靠曳引钢丝绳与曳引轮绳槽间的静摩擦力来实现电梯轿厢的升降。

　　⑤导向轮。为保证轿厢端与对重端钢绳各自垂直于轿厢和对重,且保持平行,并保证曳引轮有足够大的包角,故一般常设置导向轮(俗称抗绳轮)。在本教学电梯中没有配置。

　　(2)限速器

　　当轿厢运行速度达到限定值时,能发出电信号并产生机械动作的安全装置。

　　(3)控制柜

　　各种电子元器件和电器元件安装在一个防护用的柜形结构内,按预定程序控制电梯运行的电控设备。

　　(4)旋转编码器

　　给轿厢定位的装置就是旋转编码器。

2. 电梯井道里的主要部件

（1）轿厢

轿厢由轿厢架、桥厢体（包括轿厢门、门机系统、导靴、操纵箱）等组成。轿厢因用途不同，规格尺寸与外形设计也不同。

（2）导轨

导轨通过导轨支架被固定在井道壁上，导轨的位置限定了轿厢和对重的位置。导轨是轿厢上下运行的轨道。

（3）对重装置

对重装置由对重轮、对重架、对重砣、曳引绳、防护遮栏等组成。对重与轿厢相衬托起平衡作用。

（4）缓冲器

当轿厢向下运行时，由于断绳、超载、安全钳限速器不动作、曳引轮和钢丝绳打滑、制动器失效、无制动力矩以及极限开关不起作用等原因，会造成轿厢向底坑掉落，这时，装在轿厢下方底坑中的缓冲器，可以减缓轿厢与底坑间的冲击。

（5）限位开关

限位开关装置可以装在轿厢上，也可以装在电梯井道上端站和下端站附近，当轿厢运行超过端站时，用于切断电源的安全装置。

（6）计数复位感应器

计数复位感应器使旋转编码器计数复位的装置（在本教学电梯中没有配置）。

（7）随行电缆

电梯随行电缆是电梯机房电气器件与轿厢、井道及厅门等处电气器件相连接的导线。

3. 轿厢上的主要部件

（1）操纵箱

操纵箱装在轿厢内靠近轿厢门附近（在图 F8-1 所示教学电梯中没有配置）。用指令开关或按钮，操纵轿厢运行。

（2）轿内指层灯

轿内指层灯设置于轿厢内（在图 F8-1 所示教学电梯中没有配置），用以显示电梯运行位置和运行方向。

（3）自动门机

自动门机装在轿厢顶的前部，以小型直流电动机为动力的自动开、关轿门和厅门的装置。

（4）轿门

轿门是设置在轿厢入口的门。

（5）安全钳

安全钳由于限速器作用而引起动作，迫使轿厢或对重装置卡停在导轨上，同时切断控制回路电源的安全装置。

（6）导靴

导靴设置在轿厢架和对重装置上，使轿厢和对重装置沿着导轨运行的装置。

（7）其他

还有照明、风扇等装置。

4.电梯层门口的主要部件

(1)层门

层门设置在层站入口的封闭门。

(2)门锁

层门门锁设置在层门内侧,门关闭后,将层门锁紧。

(3)层楼指示

层楼指示灯设置在层站层门上方或一侧,用以显示轿厢运行层站位置和方向。

(4)召唤盒

召唤盒设置在层站门侧,当乘客按下需要的召唤按钮时,在轿厢内可显示或登记,令电梯运行停靠在召唤层站。

F8.3 主要结构介绍

1.电梯的传动结构

透明仿真教学电梯采用的是世界电梯行业广泛应用的提升式(曳引式)提升机构。在曳引式提升机构中,钢丝绳悬挂在曳引轮上,一端与轿厢连接,另一端与对重连接。曳引轮转动时,使曳引钢丝绳与曳引轮之间产生摩擦力,从而带动电梯轿厢上升或下降。

由于悬挂轿厢和对重的曳引钢丝绳与曳引轮绳槽间有足够的摩擦力来克服任何位置上的轿厢侧和对重侧曳引钢丝绳上的拉力差,因而保证了轿厢和对重随着曳引轮的正转和反转,而不断地上升和下降。

该教学电梯的曳引式提升机构——曳引传动结构如图 F8-2 所示。电梯的曳引传动方式为 2∶1,其比值表示电梯在运行时,曳引钢丝绳的线速度与轿厢升降速度之比,称为电梯的曳引比。若曳引钢丝绳的线速度等于轿厢的升降速度的两倍,我们即称其曳引比为 6∶1。

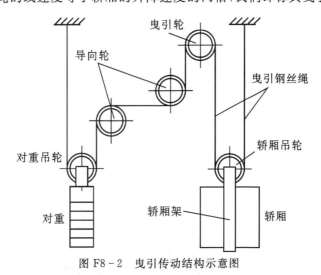

图 F8-2 曳引传动结构示意图

2.电梯的曳引机构及定位装置

(1)曳引机构

曳引机是驱动电梯上下运行的动力装置。一般分为无齿轮曳引机和有齿轮曳引机两种。

①无齿轮曳引机(无减速器曳引机)。无齿轮曳引机用在运行速度 $v>2.0$ m/s 的高速电梯上。这种曳引机的曳引轮紧固在曳引电动机轴上,没有机械减速机构,整机结构比较简单。该曳引机制动时所需的制动力矩要比有减速器曳引机大得多,因此无齿轮曳引机的制动器比较大。同时由于无齿轮曳引机没有减速器等有利因素,所以使用寿命比较长。

②有齿轮曳引机。有齿轮曳引机广泛应用在运行速度 $v<2.0$ m/s 的各种电梯上。本教学电梯即采用有齿轮曳引机,其一般采用蜗轮减速传动机构。这种曳引机主要由曳引电动机、蜗轮、蜗杆、制动器、曳引绳轮等构成,其外形如图 F8-3 所示。

图 F8-3 有齿轮曳引机结构图

曳引电动机通过联轴器与蜗杆联接,蜗轮与曳引绳轮共同装在一根轴上。由于蜗杆与蜗轮间有啮合关系,曳引电动机能够通过蜗杆驱动绳轮作正反向运动,同时驱动轿厢和对重上下运行。

制动器是电梯非常重要的安全装置,其结构如图 F8-4 所示。其工作特点是:电动机通电时制动器松闸,电梯失电或停止运行时抱闸。

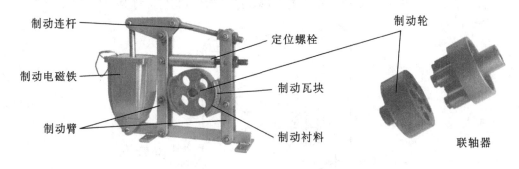

图 F8-4 电磁制动器、联轴器

制动器在工作时要做到:

• 能够使运行中的电梯在切断电源时自动把电梯轿厢掣停住。电梯正常使用时,一般都是在电梯通过电气控制使其减速停止,然后再机械抱闸。

• 电梯停止运行时,制动器应能保证在 125%～150% 的额定载荷情况下,电梯保持静止直到工作时才松闸。

制动器一般都是装在电动机和减速器之间,即装在高转速轴上。因为高转速轴上所需的制动力矩小,这样可减小制动器的结构尺寸。制动器的制动轮就是电动机和减速器之间的联轴器圆盘。制动轮一般装在蜗杆一侧,以保证联轴器损断时,电梯仍能制动被掣停住。

图 F8-1 中教学电梯的曳引机构部分如图 F8-5 所示。

图 F8-5　电梯的曳引机构

(2)定位装置

此电梯的定位装置为增量型旋转编码器。其特点是:只有在旋转期间会输出对应旋转角度脉冲,它是利用计数来测量旋转的方式,通过控制器采集旋转编码器旋转时产生的脉冲信号将电梯定位。图 F8-6 即为教学电梯所使用的旋转编码器的组装位置。

旋转编码器的中心轴通过弹性联轴器与曳引轮的中心轴相连,当曳引轮带动轿厢及对重上下运行的同时也带动了与之相连的旋转编码器作相应的正反转。电梯每上升或下降一段距离,旋转编码器的脉冲信号数就相应的增加或减少来控制轿厢的平层位置。

图 F8-6　电梯的定位装置

3. 导轨、导靴和对重

（1）导轨

电梯中的导轨，是轿厢和对重在垂直方向运动时的导向，限制轿厢和对重在水平方向的移动，防止由于轿厢的偏载而产生的倾斜。同时当安全钳动作时，导轨作为被夹持的支承件支承轿厢和对重。

电梯工作时轿厢和对重借助于导靴沿着导轨上下运行。在电梯井道中，导轨起始段一般都支承在底坑中的支承板上，每个压道板每隔一定的距离就有一个固定点，借助于螺栓、螺母与压道板，将导轨固定在井道壁上，如图 F8-7 所示。

（2）导靴

导靴是使轿厢和对重装置沿导轨运行的装置。

轿厢导靴安装在轿厢上梁和轿厢底部安全钳座下面，对重导靴安装在对重架上部和底部。导靴按其在导轨工作面上的运动方式，分为滑动导靴和滚动导靴。本教学电梯采用的是弹性滑动导靴，如图 F8-8 所示。弹性滑动导靴主要由靴座、靴衬、靴头、靴轴、压缩弹簧及调节丝杆等组成。

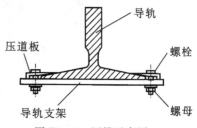

图 F8-7　压导示意图

弹性滑动导靴的靴头是浮动的，在弹簧力的作用下，靴衬的底部始终压贴在导轨端面上，因此能使轿厢保持较为稳定的水平位置，同时在运行中具有缓冲振动和冲击的作用。

图 F8-8　弹性滑动导靴　　　　图 F8-9　对重装置

（3）对重

对重又称为平衡重，其作用在于减少曳引电动机的功率和曳引轮、蜗轮上的力矩。对重的结构没有固定的形式，但不论何种形式，在对重的四个角上都应设置四只导靴以保证对重在电梯运行时沿着对重导轨垂直运行，如图 F8-9 所示。

对重铁块放入对重架内，对重铁块应便于搬运。对重铁块配置的数量应使对重铁块和对重架的总重量等于轿厢总重量加（0.4~0.5）额定载重重量。

4. 轿厢和门机机构

（1）轿厢

电梯轿厢是用于运送乘客或货物的电梯组件。电梯的轿厢一般由轿底、轿壁、轿顶、轿厢架等几个主要部件组成,如图 F8-10 所示。

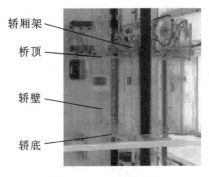

图 F6-10　轿厢机构

(2)门机机构

①门的分类。

电梯的门机机构按安装位置可分为轿门和层门(或叫厅门)。层门装在建筑物每层电梯停站的门口,挂在层门上坎上。轿门则挂在轿厢上坎上,与电梯一起上升、下降。电梯门按开门方式可分成中分门、旁开门。中分门有单扇中分、双折中分;旁开门有单扇旁开、双扇旁开、三扇旁开。本教学电梯门为单扇中分门。

②轿门及其安全机构。

电梯的门由门扇、门滑轮、门地坎和门导轨架等部件组成。层门和轿门都由门滑轮悬挂在门的导轨(或导槽)上,下部通过门滑块与门地坎相配合。门的关闭、开启的动力源是门电动机。门电机通过传动机构驱动轿门运动,再由轿门带动厅门一起运动。

本教学电梯的门机传动机构见图 F8-11,门机以带齿轮减速器的直流电机为动力,由门机链条传动。传动链轮轴上安装有曲柄杆,曲柄杆的两端分别与门扇驱动连杆相连。电机转动带动门扇的开与关。

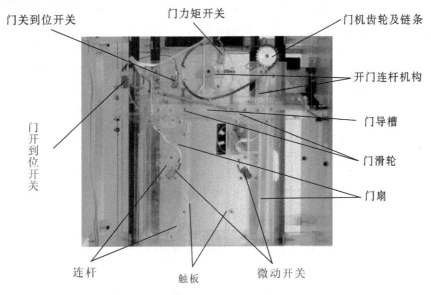

图 F8-11　轿门机构

③层门。

电梯层门的开与关是通过安装在轿门上的开门刀片来实现的。当轿厢离开层门开锁区域时,层门无论何种原因开启都应有一种装置能确保层门自动关闭,这种装置可以利用弹簧的作用,强迫层门闭合。教学电梯采用的是弹簧结构,如图F8-12所示。此外,每个层门上都装有一把门锁。层门关闭后,门锁的机械锁钩啮合,锁住层门不被随易打开。只有当电梯停站时,层门才在开门刀的带动下开启,或用专门配制的钥匙开启层门。

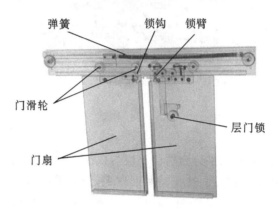

图 F8-12 层门机构

④轿门的安全保护装置。

接触式保护装置——安全触板,由触板、控制杆和微动开关组成。平时,触板在自重的作用下,凸出门扇一些距离,当门在关闭中碰到人或物品时,触板被推入,控制杆转动,并压住微动开关触头,使门电机迅速反转,门被重新打开。

5. 电梯的安全装置

电梯的安全装置有电气安全装置和机械安全装置之分。电气安全装置在电梯控制原理中作相应的介绍。机械安全装置主要有:限速器、安全钳和缓冲器等部件。

在电梯中,限速器和安全钳是十分重要的机械安全保护装置。它们的作用在于:因机械或电气的某种原因,例如钢丝绳断裂、轿顶滑轮脱离或电机升降速度过高等使电梯失控而发生超速下降,当下降速度达到一定限值时,限速器就会紧急制动,通过安全钢丝绳及连杆机构带动安全钳动作,使轿厢卡停在导轨上而不致继续坠落。

不论是限速器,还是安全钳都不能单独完成上述任务,必须靠它们的配合动作来实现。限速器、安全钳和轿厢三者之间的结构关系如图F8-13所示。

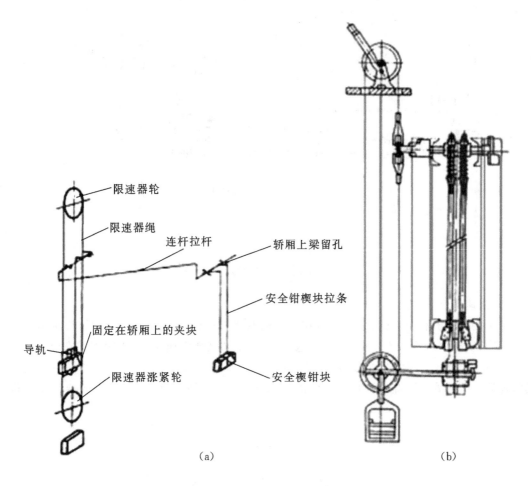

限速器轮

限速器绳

连杆拉杆

轿厢上梁留孔

安全钳楔块拉条

固定在轿厢上的夹块

导轨

限速器涨紧轮

安全楔钳块

（a）　　　　　　　　　　　　　（b）

图 F8-13　限速器、安全钳和轿厢三者示意图

　　限速钢丝绳是一根两端封闭的钢丝绳。上面套绕在限速器轮上,下面绕过挂有重物的张紧轮,在限速钢丝绳的某处与轿厢上的安全钳的连杆机构固定,而连杆机构则装在轿厢上梁预留孔中。如图 F8-14 所示这样当电梯下降速度达到限速器动作的规定速度时,限速器就被其夹绳装置夹持掣停。与此同时,由于轿厢继续下降,这时被掣停的限速钢丝绳就以较大的提拉力,使其连杆机构动作,并通过安全拉条提起楔块,将轿厢卡停在导轨上,达到保护轿厢、乘客或货物的目的。

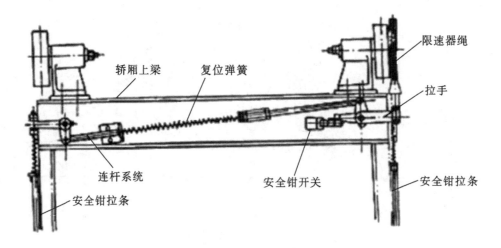

图 F8 - 14　限速器和安全钳的连杆结构图

（1）限速器

常见的限速器有凸轮式、刚性夹持式和弹性夹持式三种，电梯额定速度不同，使用的限速器也不同，额定速度不大于 0.63 m/s 的电梯，采用刚性夹绳限速器，配用瞬时式安全钳。大于 0.63 m/s 的电梯，采用弹性可滑移夹绳限速器，配用渐进式安全钳。教学电梯采用的是凸轮式限速器。凸轮式限速器也称惯性式限速器，适用于电梯额定速度在 0.5～1 m/s 以下的低速梯。其结构如图 F8 - 15 所示。

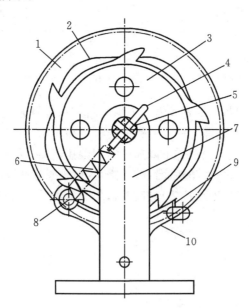

图 F8 - 15　凸轮式限速器
1—限速器轮；2—凸轮；3—棘轮；4—限速器拉簧调节螺栓；5—制动轮轴；6—拉簧；7—限速器支架；8—胶轮；9—棘轮；10—挺杆

当轿厢下行时,限速绳带动限速轮 1 作顺时针旋转,限速轮内有一五边形盘状凸轮 2,限速轮转动时,五边形盘状凸轮的轮廓线处,与装在摆动挺杆上的限速胶轮 8,凸轮轮廓线上径向的变化,使挺杆 10 猛烈的摆动,由于限速胶轮轴的另一端被限速器拉簧 6 拉住,在额定速度范围内,使挺杆右边的棘爪与棘轮上的棘齿脱离接触。当轿厢超速达到规定的超速值时,凸轮转速加快,圆周上离心力增加,使挺杆摆动的角度增大到使棘爪与棘轮上的棘齿相啮合,限速器轮被迫停止转动。随着轿厢继续下行,限速器轮槽与限速绳之间产生摩擦力使限速绳轧住,带动安全钳联动系统,将安全钳拉杆提起,安全钳楔块动作,轿厢被制动在导轨上。

调节拉簧 6 的拉力,可调节限速器的动作速度,当限速器动作后需要复位时,可以将轿厢慢速上行,限速轮反向旋转,棘爪与棘齿脱开,安全钳即可复位。

凸轮式限速器的缺点是没有可靠的轧绳装置,只靠限速绳与限速轮槽的接触产生的摩擦力而动作安全钳,故现在较少采用。

(2)安全钳

安全钳装置在轿厢架的底梁上,处于下导靴之上,随着轿厢沿导轨运动。安全钳楔块由连杆、拉杆、弹簧等传动机构与轿厢上的限速器钢丝绳相连接。当电梯出现故障使轿厢超速下降时,如果下降速度达到限速器动作速度,限速器发生动作,通过制动机构将限速绳轧住,这时连接杠杆被上提,通过轿厢上的连动机构和安全钳楔块拉条,将安全钳楔块上提,使楔块楔进安全钳钳体与导轨之间,将轿厢卡在导轨上。这时安全钳电气联锁开关相应动作切断控制电路电源,迫使曳引机停止工作。安全钳联锁开关应在轿厢卡在导轨上之前与安全钳同时动作。安全钳结构如图 F8 - 16 所示。

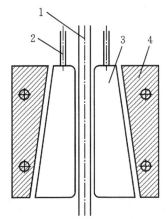

—导轨;2—拉杆;3—楔块;4—钳座
图 F8 - 16　双楔式安全钳示意图

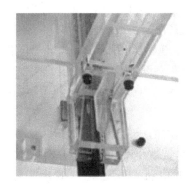

图 F8 - 17　双楔渐进式安全钳

安全钳动作带动联锁限位开关动作后,限位开关只能由人工用慢速将轿厢向上提升复位。安全钳释放后,必须经专职人员参与调整后,才能恢复使用。

电梯用安全钳的种类很多,如教学电梯采用的是双楔式安全钳。结构如图 F8 - 17 所示。瞬时式安全钳一般都是上拉杆操纵的,限速绳两端绳头与安全钳杠杆系统的联动连杆相连接。当轿厢下超速运动时,限速器通过杠杆系统的提升,拉杆将安全钳的楔块向上提起,使楔块与导轨发生接触,依靠自锁夹紧并随着轿厢的继续下降将轿厢轧牢在导轨上。楔块与导轨接触的一面压有花纹,以增加与导轨接触时的摩擦力,增大制动力。

（3）限速器张紧装置

限速器张紧装置包括限速绳、限速轮、重砣块等，它安装在坑底内，限速绳由轿厢带动运行，限速绳将轿厢运行速度传递给限速轮，限速轮反映出电梯实际运行速度。当限速器动作时，通过限速绳使安全钳动作。

（4）缓冲器

缓冲器设在井道底坑的地面上。若由于某种原因，当轿厢或对重装置超越极限位置发生蹲底时，缓冲器用来吸收轿厢或对重装置的动能。

在轿厢和对重装置下方的井道底坑地面上均设有缓冲器。在轿厢下方，对应轿厢架下缓冲板的缓冲器称为轿厢缓冲器；对应对重架缓冲板的称为对重缓冲器。同一台电梯的轿厢和对重缓冲器其结构规格是相同的。

缓冲器有蓄能型（弹簧）和耗能型（液压）两种。教学电梯采用的是蓄能型（弹簧）缓冲器。弹簧缓冲器由缓冲垫、缓冲座、缓冲弹簧和弹簧座等组成，如图 F8 - 18 所示。当弹簧缓冲器受到轿厢或对重装置的冲击时，依靠弹簧的变形来吸收轿厢或对重装置的动能。当电梯运行到井道下部时，因断绳或超载等各种原因，使轿厢超越底层停站继续下行，但下行速度未达到限速器动作速度，在下部限位开关不起作用的情况下，则设置在底坑中的轿厢缓冲器，可以减缓轿厢对底坑的冲击。同样，当轿厢超越最高停站，继续上行时，在上部限位开关不起作用的情况下，对重缓冲器可以减缓对重对底坑的冲击。弹簧缓冲器一般用于额定速度在 1 m/s 以下的电梯中。

缓冲座

缓冲弹簧

弹簧座

图 F8 - 18　弹簧缓冲器

（5）超重报警装置

为了使电梯能在设计载重量范围内正常运行，在轿厢上设置了超载装置。它安装在轿厢顶部，包括压力弹簧和微动开关，如图 F6 - 19 所示。

当轿厢内的压力达到 5 kg 时（即两块铁块的重量），弹簧被压下，微动开关断开。通过电气系统控制电机停止运行并输出报警信号。这时只有减少轿厢内重到规定范围内电梯才能关门、启动。

压力弹簧

微动开关

图 F8 - 19　超载报警装置

F8.4　控制原理

1. 自动开关门

（1）自动开门

当电梯慢速平层时，经过平层延迟后门机动作，自动开门，当门开到位时，门开到位开关动作,门机停止。

(2)自动关门

电梯停靠楼层开门后,经过约 2 s 延时,门电机向关门方向运转。当门关到位时,门关到位开关动作,门电机停。

(3)提早关门

在一般情况下,电梯停靠站开门后约 2 s 后又自动关门。但当乘客按下关门按钮时电梯就立即关门。

(4)开门按钮

如电梯在关门时或门闭合而未启动前需要再开启,则可按下开门按钮,重新开启门。

(5)安全触板和门力矩保护装置

当门在关闭过程中,如触及到乘客或障碍物时,则门安全触板开关动作,门电机反转,重新打开门。在关门或开门过程中,若门出现故障或其他原因而使门机转动力矩增大到一定限度时,力矩开关起作用,使门电机停止运转。

(6)本层厅外开门

当轿厢停在某层且门关闭,按下该层召唤按钮,则门将被打开。

2. 电梯的启动、加速和满速运行

电梯的启动由控制器、变频器及电磁制动器共同控制。首先控制器根据指令信号确定上升(YC 口输出)或下降(YD 口输出)指令,然后将上升或下降及速度控制指令传递给变频器相应的正转(FDW)或反转(REV)及预置速度(S1、S2),并将开闸指令给电磁制动器使制动器抱闸松开。变频器经过内部设定预置速度控制电梯的启动、加速及满速运行。

3. 电梯楼层的定位

由与曳引轮相连的旋转编码器的脉冲信号及轿厢所在位置决定。也就是当轿厢运行到某楼层的层门槛处时,记下此时旋转编码器的脉冲数,作为此楼层的定位脉冲数。

4. 电梯的停站、减速和平层

当电梯达到要停靠的层站时(设电梯向上运行),由控制器经过判断此楼层符合,则当旋转编码器的计数脉冲数处于此层的减速脉冲区域时,控制器慢速信号输出至变频 S1,则变频器按减速到慢行速度,轿厢继续上升,编码器脉冲数继续增加至此层的平层段,经过平层延时调整(使电梯准确平层),曳引电动机停止,制动器抱闸,平层完毕轿厢停止运行。

5. 电梯停站信号的发生以及信号的登记和消除

(1)指令信号停站

无论电梯上行或下行时,按下轿厢内指令按钮,则指令信号被登记,并储存了停层信号。当停站后,此指令信号消除。

(2)顺向召唤停站

在电梯运行中,顺向按下楼层的召唤按钮,信号被登记并储存停层信号,而逆向按下的召唤按钮则不被登记,同时也不储存其停层信号。

顺向向上召唤停站。如:当轿厢从 2 楼向上运行时,若 3 楼有召唤信号,则轿厢到达 3 楼时,电梯平层停站。同时此召唤信号消除。

顺向向下召唤停站。如:当轿厢从 3 楼向下运行时,若 2 楼有召唤信号,则轿厢到达 2 楼时,电梯平层停站。同时此召唤信号消除。

（3）最高层向下召唤停站

当轿厢上行时,如最高层信号是 4 楼向下召唤。当轿厢到达 4 楼时停站,召唤信号消除。

最底层向上召唤停站,当轿厢下行时,如最底层信号是 1 楼向下召唤。当轿厢到达 1 楼时停站,召唤信号消除。

（4）电梯直驶状态下的停层

当电梯轿厢满载时,按下直驶开关,则电梯只响应轿厢内指令信号按钮停层,不响应楼层召唤信号。

6. 电梯行驶方向的保持和改变

（1）电梯的行驶方向

由控制器根据召唤信号或指令信号与轿厢的相对位置,经过逻辑判断决定。如:轿厢在 3 楼,若 2 楼有召唤指令,则电梯将下行;反之,若 4 楼召唤,则电梯将上行。

（2）运行方向的保持

当电梯上行时,指令信号、向上召唤信号和最高层向下召唤信号首先逐一地被执行。当电梯执行这个方向的最后一个指令而停靠时,这时如有乘客进入轿厢,则其指令信号可优先决定电梯运行方向。当电梯门关闭后如无向上指令出现,但下方有召唤信号,则电梯反向下行,逐一应答被登记的向下召唤指令信号。

7. 音响信号及指示灯

（1）召唤记忆灯

当召唤按钮按下后,其信号被登记,同时其记忆灯被接通点亮,当其信号指令被执行后,记忆灯熄灭。

（2）门外指层灯和轿厢内指层灯

电梯厅门外和轿厢操纵盒上设有方向箭头指示灯及指层灯,表示电梯的运行方向和轿厢所在的楼层。

（3）到站钟铃

当轿厢到达适合楼层时,到站钟铃提示到站平层。

8. 电梯的安全保护

（1）超速安全保护

当电梯发生意外事故时,轿厢超速或高速下滑(如钢丝绳折断、轿顶滑轮脱离、曳引机蜗轮蜗杆合失灵、电机下降转速过高等原因)。这时,限速器就会紧急制动,通过安全钢索及连杆机构,带动安全钳动作,同时使轿厢卡在导轨上而不会下落。同时,限速开关打开,切断电气控制线路,电磁制动器失电制动抱闸。

（2）轿厢、对重用弹簧缓冲装置

缓冲器是电梯极限位置的安全装置,当电梯因故障造成轿厢或对重蹲底或冲顶时(极限开关保护失效),轿厢或对重撞击弹簧缓冲器,由缓冲器吸收电梯的能量,从而使轿厢或对重安全减速直至停止。

（3）门安全触板保护装置

在轿厢门的边沿上,装有活动的安全触板。当门在关闭过程中,安全触板与乘客或障碍物相接触时,通过与安全触板相连的联杆,触及装在轿厢门上的微动开关动作,使门重新打开,避免事故发生。

（4）门机力矩安全保护装置

门机用一定的力矩同时开启或关闭轿厢门和厅门。当有物品或人夹在门中时，就增加了门机力矩，于是通过相连的行程开关断开门机电路，使门电机停止，从而避免事故发生。

（5）厅门自动闭合装置

电梯层门的开与关是通过安装在轿门上的开门刀片来实现的。每个层门都装有一把门锁。层门关闭后，门锁的机械锁钩啮合，同时轿门电气连锁触头闭合，电梯控制回路接通，此时电梯才能启动运行。不用厅门钥匙，从外部无法打开厅门。

（6）终端极限开关安全保护

在电梯井道的顶部及底部装有终端极限开关。当电梯因故障失控，轿厢发生冲顶或蹲底时，终端极限开关动作，发出报警信号并切断控制电路，使轿厢停止运行。

9. 电梯轿厢内照明及排风

轿厢的侧壁上装有照明灯和排风扇，其对应控制开关在轿厢操纵盒上，其电路独立，不经控制器控制。

10. 电梯的紧急停车

轿厢内操纵盒上设有急停开关，当电梯发生意外情况时，按下急停开关，电梯紧急制动，停止运行。

F8.5　注意事项

在操作使用本教学电梯之前，请仔细阅读注意事项。请严格按使用说明操作，避免造成不必要的损失。

①不要提供高于额定规格电压的输入电压，以免损坏器件。本产品出厂前已连接好线路，且已调试验收合格，使用时只需提供 220 V 的动力电源即可。原则上，使用者最好不要随意拆接线路。若确实需要拆接线路时，应注意各器件的工作电压（变频器、曳引电动机、PLC 可编程控制器、交流接触器线圈、电磁制动器及照明电路用 AC220 V 电源）；旋转编码器及 PLC 输入各开关量用 DC24 V 电源；PLC 输出用 DC12 V 电源；电梯制动 AC220 V 和电梯上升、下降（不需用电源）除外。

②当用户使用本电梯自行开发应用程序演示时，用户首先应熟悉本电梯的结构、电气控制原理、线路的实际连接及各器件的动作关系等。然后再自行编程调试（应有熟悉电梯运行原理的老师或电梯专业人员指导）建议用户在原电梯程序基础上先分步改动单个环节程序调试，调试成功后再自行整体的编程调试。

③教学电梯几乎具备了真实电梯的全部结构及功能，其运行控制方式相对较为庞大，初学者必须在专业老师指导下实验、调试。

④教学电梯具有自运行功能。具体操作如下：先将电梯平层在一楼，确保无其他呼梯信号且底盘所有开关处于正常状态（手自动开关处于自动状态，急停开关直驶开关断开）的情况下按下慢上按钮，则电梯便自动在一至四楼之间往返运行。若要使其停止则只需闭合急停开关即可。

⑤教学电梯可手动调节平层，具体操作于下：

· 将电梯轿厢停在一楼。

· 将手动自动开关置于手动状态，急停和直驶开关断开。然后按慢上慢下调节一楼平层

（按下开门按钮，把手放在轿厢和厅门槛处感觉是否平层）。同时确保轿厢上的铁片插入了复位感应器中央。

· 慢上将轿厢上升到二楼附近调节二楼平层（方法如一楼）。平层关门后同时按下底盘上操作面板上的"二楼"和警铃按钮。再按一次警铃按钮消除报警。用同样的方法调节"三楼"和"四楼"的平层。

· 平层调节好后，若电梯不响应呼梯信号，手动开门一次或断电再上电即可。若其响应呼梯信号但到层不开门，手动开门关门。运行一圈后便能正常运行。

F8.6　电气原理图

用 PLC 控制时的电气原理图如图 F8 - 20 所示。

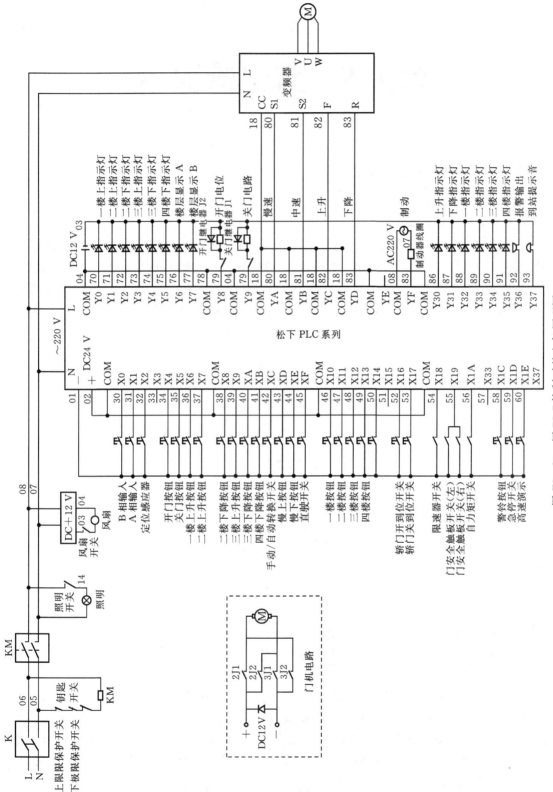

图 F8-20 用 PLC 控制时的电气原理图

附录 9   数码管显示

F9.1   数码管分类

1. 数码管按段数分类

数码管按段数分为七段数码管和八段数码管。七段数码管,是在一定形状的绝缘材料上,利用单只 LED 组合排列成"8"字型的数码管,分别引出它们的电极,点亮相应的段可实现数字"0～9"及少量字符的显示。为了显示小数点,增加 1 个点状的发光二极管,就构成了八段数码管,我们分别把这些发光二极管命名为"a,b,c,d,e,f,g,h",如图 F9 - 1 所示,3 脚、8 脚为公共端(COM)。

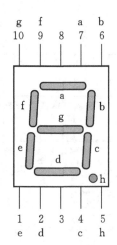

图 F9 - 1   八段数码管

2. 按发光二极管单元连接方式分类

按发光二极管单元连接方式分为共阳极数码管和共阴极数码管。

（1）共阴极数码管

共阴数码管是指将所有发光二极管的阴极接到一起形成公共阴极(COM)的数码管。共阴数码管在应用时应将公共极 COM 接到地线 GND 上,当某一字段发光二极管的阳极为高电平时,相应字段就点亮;当某一字段的阳极为低电平时,相应字段就不亮。注意,LED 的电流通常较小,一般需在回路中连接限流电阻,限流电阻的大小按照 LED 数码管规格进行选择。共阴数码管内部连接如图 F9 - 2 所示。

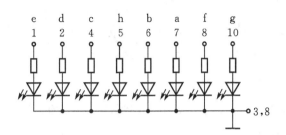

图 F9-2　共阴极数码管内部连接方式

（2）共阳数码管

　　共阳数码管是指将所有发光二极管的阳极接到一起形成公共阳极（COM）的数码管。共阳数码管在应用时应将公共极 COM 接到＋5 V 电源，当某一字段发光二极管的阴极为低电平时，相应字段就点亮。当某一字段的阴极为高电平时，相应字段就不亮。注意，LED 的电流通常较小，一般需在回路中连接限流电阻，限流电阻的大小按照 LED 数码管规格进行选择。共阳数码管内部连接如图 F9-3 所示。

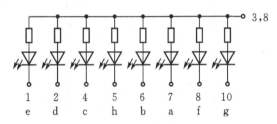

图 F9-3　共阳极数码管内部连接方式

F9.2　数码管显示举例

　　以共阴极数码管为例，见图 F9-2。若把阴极接地，在相应段的阳极接上正电源，该段即会发光。假如我们将所有段都悬空或接地，这时，数码管不显示，如图 F9-4 所示；若给 a,c,d,f,g 段接上正电源，其他段悬空或接地，那么 a,c,d,f,g 段发光，此时，数码管显示将显示数字 5，如图 F9-5 所示；若 a,d,e,f,g 段接上正电源，其他段悬空或接地，此时数码管将显示字母 E，如图 F9-6 所示。其他字符的显示原理类同。

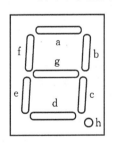

图 F9-4　不显示

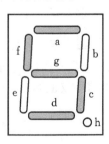

图 F9-5　不显示

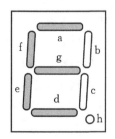

图 F9-6　不显示

F9.3 数码管译码显示控制方法

1.译码显示
译码显示二进制控制量到人能够认读的十进制显示数值的转换。

2.8421BCD 码(BCD 码)
8421BCD 码是用四位二进制数的最小的十个值表示一位十进制数。8421 码与十进制数对应关系如图 F9-7 所示。

8421 码	十进制数
0000	0
0001	1
0010	2
0011	3
0100	4
0101	5
0110	6
0111	7
1000	8
1001	9

图 F9-7 8421 码与十进制数对应关系

3.七段译码器
由于数码管由七段发光二极管组成一位数码,通过控制发光二极管的亮暗,可以变化出从 0～9 的十个数字。要想实现这个变化就需要用到译码器。

七段译码器的作用是把能够代表 0～9 这十个数字的四位二进制代码(BCD 码)转换成七段码,用于驱动七段发光二极管。

由于数码管有共阳极和共阴极之分,因此,七段译码器也有不同的译码电路,共阳极与共阴极的译码电路其输出互为反码。

4. CD4056BE 芯片
CD4056BE 为 BCD-7 段液晶显示译码/驱动芯片,如图 F9-8 所示,CD4056BE 芯片 9～15 脚(a～f)经限流电阻分别连接共阴极七段 LED 数码管 a～f 脚;2～5 脚经下拉电阻接地,计算机控制信号经这 4 个管脚输入,各脚信号权值如图 F9-8 所示。这 4 个管脚不加电时为低电平。

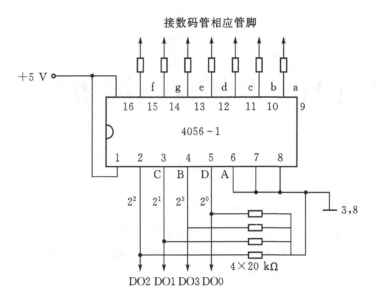

图 F9-8　CD4056BE 芯片外接示意图

四位二进制数 DCBA 与其对应的十进制数 Y 的关系如下：

$$Y = 2^3 D + 2^2 C + 2^1 B + 2^0 A$$

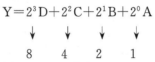

F9.4　数码管连接方式的判断

　　把数字万用表的测量开关旋转至测量二极管的档位，测量表笔的正极与数码管的公共端（COM）连接，测量表笔的负极与其他任一端依次连接，若 LED 被一一点亮，说明该数码管为共阳极数码管，若其中有一段没有被点亮，说明该段已损坏。若将测量表笔的负极与数码管的公共端（COM）连接，测量表笔的正极与其他任一端依次连接，若 LED 被一一点亮，说明该数码管为共阴极数码管，若其中有一段没有被点亮，则该段已损坏。

附录 10 DO 驱动训练板原理

F10.1 概述

在微机控制系统中,大量应用的是开关量的控制,这些开关量一般经过微机的 I/O 输出,而 I/O 的驱动能力有限,一般不足以驱动执行器动作,需加接驱动电路。

图 F10-1 为一个开关量控制直流电机正/反转的电路原理图,在设计时,为避免微机受到干扰,采用光电对管将微机控制信号与后续电路进行了隔离;采用常用元器件三极管进行电流放大,以驱动继电器常开触点可靠吸合。为了便于观察电机正/反转现象,选用低转速直流电机;为了便于观察驱动环节的作用,在电路中,设计了端口 1、端口 2 和端口 3;为了显示继电器的吸合状态,设计了用于指示继电器吸合状态的 LED 显示电路。

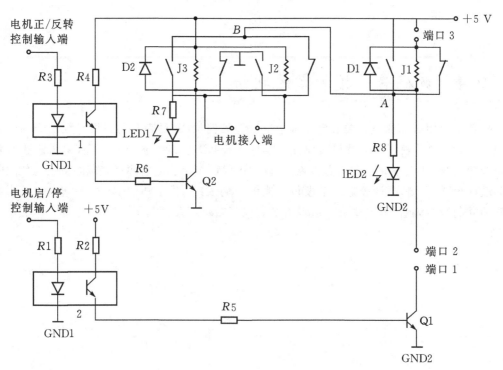

图 F10-1 电路原理图

F10.2　电机启/停及电机正/反转控制工作原理

　　输入端输入开关量控制信号,由直流稳压电源提供＋5 V 电源接入。将端口 1 与端口 2 连接,端口 3 和＋5 V 连接,如图 F10-2 所示。

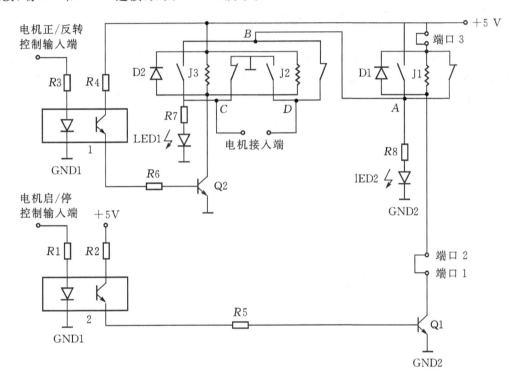

图 F10-2　接线示意图

　　①当"电机启/停控制输入端"输入低电平时,2 号光电对管中的二极管不发光,2 号光电对管中的三极管处于截止状态,2 号光电对管输出回路无电流,继电器 J1 常开触电不吸合,A 点、B 点未加上电,LED2 不亮,电机输入端两端电压为零,电机不转动。

　　②当"电机启/停控制输入端"输入高电平时,2 号光电对管中的二极管发光,2 号光电对管中的三极管处于饱和导通状态,2 号光电对管输出回路有电流,该电流经三极管 Q1 放大,确保继电器 J1 常开触点可靠吸合,A 点、B 点加上＋5 V 电,LED2 亮,电机输入端两端有 5 V 电压,电机转动。此时:

　　• 若"电机正/反转控制输入端"输入高电平,1 号光电对管中的二极管发光,1 号光电对管中的三极管处于饱和导通状态,1 号光电对管输出回路有电流,该电流经三极管 Q2 放大,确保继电器 J3 常开触点、继电器 J2 常开触点可靠吸合,继电器 J3 常闭触点、继电器 J2 常闭触点打开,LED1 经电阻 R7 与 B 点＋5 V 连接,LED1 点亮,此时,继电器 J3 公共端 C 点为＋5 V,继电器 J2 公共端 D 点为 0 V,即,电机接入端左端电位高于右端电位,电机正转。

　　• 若"电机正/反转控制输入端"输入低电平,1 号光电对管中的二极管不发光,1 号光电对管中的三极管处于截止状态,1 号光电对管输出回路无电流,继电器 J3 常开触点、继电器 J2 常开触点不吸合,继电器 J3 常闭触点、继电器 J2 常闭触点保持闭合,继电器 J3 公共端 C 点为 0 V,继电器 J2 公共端 D 点为 $+5$ V,LED1 两端电压为0 V,LED1 不亮,此时,电机接入端左端电位低于右端电位,电机反转。

F10. 3   继电器未加驱动时

将端口 1 和端口 2 断开,端口 3 和 $+5$ V 断开;在端口 2 和端口 3 加开关量控制信号,端口 3 输入高电平,端口 2 接控制信号地。由于开关量控制信号是一个弱信号,电流很小,不能使继电器 J1 常开触电吸合,A 点未加上电,所以 LED2 不亮,也听不到继电器吸合的声音。A 点未加上电,进而,B 点也未加上电,此时电机输入端两端电压为零,电机不转动。

参考文献

[1] 洪雪燕,林建军,王富勇. 安全用电[M]. 北京:中国电力出版社,2008

[2] 王天曦,李鸿儒,王豫明. 电子技术工艺基础[M]. 北京:清华大学出版社,2009

[3] 姚佩阳. 自动控制原理[M]. 北京:清华大学出版社,2005

[4] 温希东. 自动控制原理及其应用[M]. 西安:西安电子科技大学出版社,2004

[5] 王孙安,任华,王娜,等. 工业系统的驱动、测量、建模与控制(上册)[M]. 北京:机械工业出版社,2007

[6] 朱梅,朱光力. 液压与气动技术[M]. 西安:西安电机科技大学出版社,2004

[7] 马永林,等. 机械原理[M]. 北京:高等教育出版社,1992

[8] 王书锋,谭建豪. 计算机控制技术[M]. 武汉:华中科技大学出版社,2011

[9] 朱玉玺,崔如春,邝小磊. 计算机控制技术[M]. 2版. 北京:电子工业出版社,2010

[10] 吕辉,陈中柱,李纲,等. 现代测控技术[M]. 西安:西安电子科技大学出版社,2006

[11] 姚金生. 电子技术培训教材[M]. 北京:电子工业出版社,2001

[12] 王国玉,余铁梅. 电工电子元器件基础[M]. 北京:人民邮电出版社,2006

[13] 戴仕明,赵传申. C++程序设计[M]. 北京:清华大学出版社,2009